小动物医学

U0381186

编辑委员会

第 5 辑 2017 年 4 月

宗旨　传播小动物临床知识
保障动物和人类健康幸福

目标　打造中国小动物医学发展交流的平台
世界了解中国兽医发展及国际交流的窗口

支持单位

中国畜牧兽医学会
小动物医学分会
外科学分会
影像学分会
中国兽医协会宠物诊疗分会
中国农业大学动物医院
美国兽医协会（AVMA）
美国美中兽医交流中心
亚洲小动物兽医师协会联盟（FASAVA）
北京小动物诊疗行业协会
东西部小动物临床兽医师大会
西部宠物医师联合会
禾丰集团派美特宠物医院连锁机构
华夏英才兽医学院

招商规则

招商以注册产品为准，宣传不得夸大，不得发布虚假信息。
刊登的文章不得夹杂广告或商品信息，编委会有权对稿件根据实际情况进行编辑处理。
所有文章文责自负。

版权声明

封面故事

3 岁俄罗斯牧羊犬，头部 CT 三维重建图。该犬主要临床症状为鼻出血、鼻部肿物。经 CT 三维重建显示肿物导致骨侵袭，组织病理学提示为未分化肿瘤。（封面供图：中国农业大学动物医院影像科）

编辑部：胡　婷　王森鹤
电话：010-53329912　010-59194349
投稿邮箱：cnjsam@163.com

编辑部地址：
北京市海淀区中关村 SOHO 大厦 717 室
邮政编码：100190

设计制作：沈阳市义航印刷有限公司

图书在版编目（CIP）数据

小动物医学 . 第 5 辑 / 中国畜牧兽医学会小动物医学分会组编 .
北京 : 中国农业出版社 , 2017.4
ISBN 978-7-109-22946-4
Ⅰ . ①小… Ⅱ . ①中… Ⅲ . ①兽医学 Ⅳ . ① S85
中国版本图书馆 CIP 数据核字 (2017) 第 084627 号

北京通州皇家印刷厂印刷　　新华书店北京发行所发行
2017 年 4 月第 1 版　　2017 年 4 月北京第 1 次印刷
开本：787mm×1092mm　1/16　印张：7
定价：28.00 元
（凡本版出现印刷、装订错误，请向出版社发行部调换）

Small Animal Medicine

Vol.5, April 2017

Principles	To disperse the science and technology of small animal medicine, to protect the health and well being of both animals and human beings
Aim	To provide a forum for the exchange of information in small animal medicine, both for China and the international community

Supporting Organizations

Chinese Association of Animal Science and Veterinary Medicine
Association of Small Animal Medicine
Veterinary surgery association
Veterinary diagnostic imaging association
Chinese Veterinary Medical Association, Devision of Small Animal Veterinarians
The Veterinary Teaching Hospital of China Agricultural University
The American Veterinary Medical Association
The US-China Veterianry Education Center
Federation of Asian Small Animal Veterinary Association
Beijing Small Animal Veterinary Association
East- West China Veterinary Conference
Western Veterianry Conference of China
He-Feng Group and pet hospitals
Chinese Academy of Veterinary Medicine

Regulations on AD.

Products in the advertisement has to be legally registered or in accordance with the legal or regulations set up by the government. No misleading, false statement, or deceicive information are allowed, and the information provider is responsible for any legal responsibilities it caused.

The editors has the right to edit the accepted advertisement.

Copy-right Announcement

The Editorial Committee

Officers: Hu Ting, Wang Senhe
Tel.: 010-53329912 010-59194349
E-mail: cnjsam@163.com
Address:
Room 717, Zhongguancun SOHO Building, Haidian District, Beijing, China.
Postcode: 100190
Layout: Shenyang Yi hang Printing Co., Ltd.

Contents 目 录

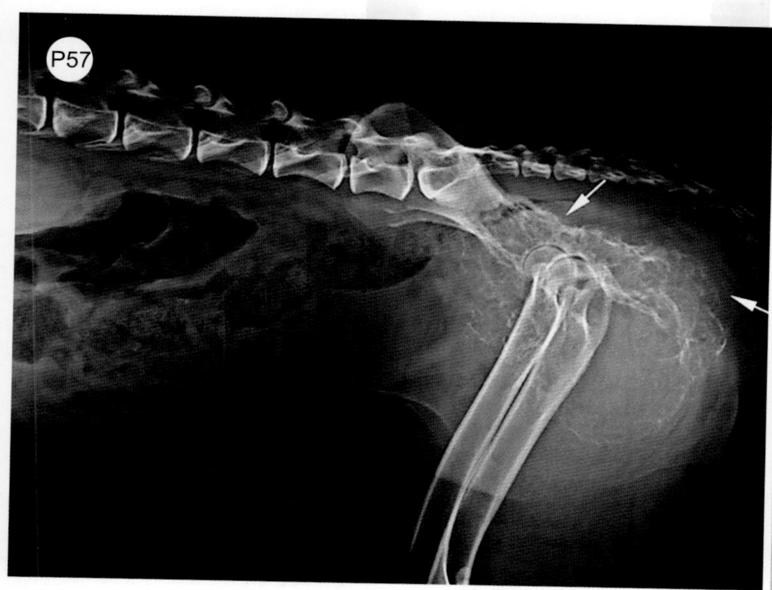

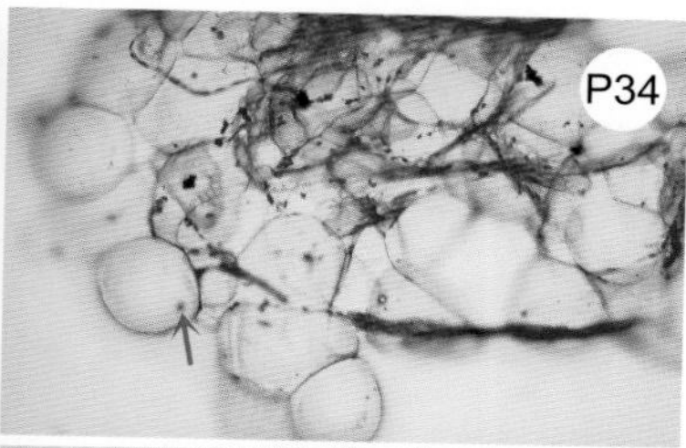

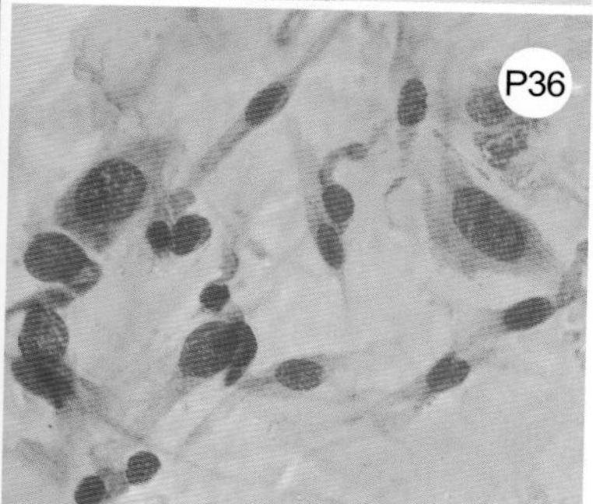

The Nature of the Chinese Journal of Small Animal Medicine

Small animal medicine is developing quickly in recent years, as is the ever changing face of small animal disease, new medical theories and technologies as well as equipment and modes of management. All of these changes require up to date information for veterinarians and academics in order to understand current trends.

We have numerous journals and magazines on topics of veterinary medicine, including some well known journals and periodicals, however, a journal that is wholly dedicated to small animal medicine is not available. Specifically a formally registered national journal on this topic is absent.

It is not appropriate for the profession of small animal medicine not to have a journal focused only on small animal medicine.

If one looks around the world, one will find a variety of journals on small animal medicine in western countries and in many countries of Asia and Africa. In some countries there are even specialized journals focused on specific disciplines such as cardiology, diagnostic imaging, veterinary economics etc.

China is one of the fastest developing countries. The number of pets is growing quickly as well and we are indeed in need of a journal of small animal medicine.

This book is to be viewed as a platform for veterinarians and academicians to exchange ideas, scientific reports, and to lead the profession to a higher level. It will give colleagues outside China a sense of what is going on inside China and vise versa. The journal will be an important tool to communicate with the international community.

We have partners in China and other countries who can share with our readers their experiences, their views on topics that are interesting to our readers. These partners include groups such as the AVMA journal, North American Veterinary Continue Education, Saunders company, The Zhinong Scientific Co., China Agricultural Press etc. They all have been very supportive of this journal.

This book is a platform for all. Please take part in it by enjoying it as a reader, contributing to it with your articles, writing to the editors to provide your views of what is important and to sharing your important experiences with colleagues throughout China.

We believe that with the efforts of the editors, readers and all involved, we can make this journal an up to date media for small animal veterinary medicine, and a benefit to the profession

Shi Zhensheng Chief Editor
March 8, 2017
Beijing

卷首语

近年来，随着中国经济社会发展，人民生活水平提高，宠物饲养数量快速增长，小动物医疗市场日益壮大，小动物医学研究蓬勃发展。

尽管中国已经有了数量可观的包括核心期刊在内畜牧兽医学术期刊，里面或多或少包含了一些小动物方面的内容。但是，专门论述小动物医学的学术期刊，特别是国家级专业期刊一本也没有。

纵观世界各国，发达国家早有丰富多彩的各色小动物医学杂志和小动物医学相关的专门学术出版物，内容涵盖小动物心脏病学、小动物医学经济学和影像学等。许多第三世界国家，也已经有了自己的小动物医学相关学术刊物，有些已经是SCI收录的学术期刊。

面对小动物医学理论的迅速发展，诊疗技术的不断进步，仪器设备的推陈出新和管理模式不断创新，创办属于自己的小动物医学系列读物，打造一个专业交流平台，成为小动物医师和相关领域研究人员的迫切期望。《小动物医学》系列读物应运而生。

《小动物医学》作为一个公共平台，承载着学术交流、科学普及、行业规范和潮流引领的重任，是国内同行间学术交流的平台，也是国际交流的窗口。对内，国内同行可以通过《小动物医学》了解国内学术发展动态，了解国际行业发展形势；对外，国际同行通过该平台了解中国小动物发展动态和发展脉搏。我们处在开放的时代，交流显得尤为重要。借助《小动物医学》这个平台，每一位医师都可以在此分享经验、获得知识、了解发展以及关注动态。这一切都将成为推动小动物医学行业发展的动力。

《小动物医学》的公共属性，决定了每一位临床医师和相关的专家学者，都是《小动物医学》的主人，都有责任和义务共同维护这套系列读物的发展和声誉。我们应该如何参与其发展呢？很简单。认真阅读、积极投稿、经验交流、参与讨论、提出意见建议，甚至是批评指正，都是我们乐见的。

我们有理由相信，随着时代的发展和社会的进步，小动物医学一定会跟上时代的步伐，我们每位从事小动物医学事业的人都会在这个大发展的时代从中受益，也会对发展做出我们应有的贡献！

施振声
2017年3月8日
北京

犬巴贝斯虫病诊疗体会

Diagnosis and Treatment of Canine Babesiosis

徐世永[1] 程 勤[1] 徐前明[2] 韩春杨[2]*
[1]合肥金宠动物医院，安徽合肥，230001
[2]安徽农业大学动物科技学院，安徽合肥，230036

摘要：巴贝斯虫是一种血液原虫，严重影响犬类健康，甚至威胁生命。本文通过对疑似患巴贝斯虫病的犬进行临床检查和实验室诊断进行确诊，并结合检验指标适时调整诊疗方案，对该病例的诊疗过程进行归纳总结，为临床上巴贝斯虫病的诊疗提供参考。

关键词：犬，血液寄生虫，巴贝斯虫病

Abstract: Babesiosis is a tick born blood parasite in canine patients. The disease can cause anemia and juandice with splenomegaly as the main clinical signs, and can be deadly in many cases. This report presents the clincal diagnostics and the fundamentals of successful treatment of canine babesiosis.

Keyword: canine, blood parasites, babesiosis

引言

巴贝斯虫病是由巴贝斯虫感染所致。巴贝斯虫由蜱传播，潜伏期一般在10～21d[1]。它是一种血液寄生虫，不能离开宿主而独立存活，能长期存在于带虫动物体内。临床症状常出现在被蜱虫叮咬后两周，患病动物主要以精神沉郁、贫血、黄疸、血红蛋白尿、溶血性贫血、血小板减少、肝脾肿大等为特征[2]。巴贝斯虫侵染细胞后，可以使细胞释放大量促炎性物质导致多器官功能障碍综合征[3]。如果病犬耐受，可带虫免疫2.5年之久[4]。预防本病的主要方法是切断传染途径，消灭传染源。本文就临床接诊的犬巴贝斯虫病的诊疗过程介绍如下。

1 病例材料

8月龄雄性银狐犬，体重8.6kg，不食三天后就诊。主诉该犬散养，疫苗免疫完全，近半年未做驱虫，平日在家饲喂犬粮。

2 诊断

2.1 临床检查

患犬消瘦，精神沉郁，尿量少且色如浓茶。体温39.8℃，脱水，被毛粗糙，营养不良，眼窝下陷，眼结膜苍白，眼角有较多分泌物。运动不耐受，呼吸窘迫，全身检查未见其他体外寄生虫。触诊肝区有轻微疼痛且肿大。睾丸肿大，阴囊皮肤黄染（图1）。

通讯作者
韩春杨 安徽农业大学，luckyhcy@163.com。
Corresponding author: Chunyang Han，luckyhcy@163.com，Anhui Agricultural University.

2.2 实验室检查

头静脉采血，全血离心5min，转速400r/min，可见血液稀薄。离心后可见血清明显黄染（图2）。

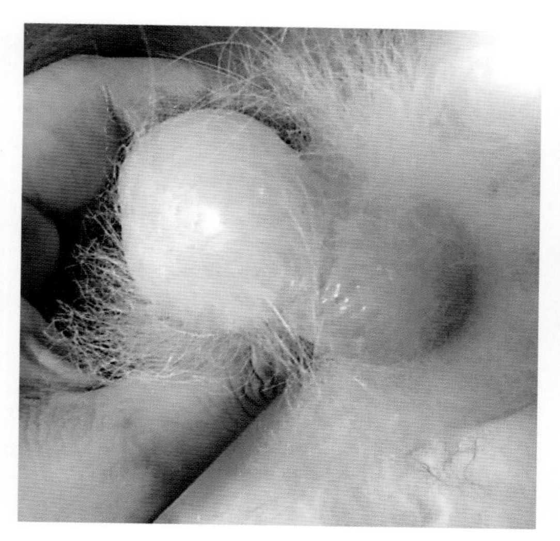

图1 可见患犬睾丸肿大，皮肤黄染

图2 血清黄染

2.2.1 血常规检查

血常规检查可见白细胞明显升高，红细胞、血小板、血红蛋白和红细胞压积均有明显降低。经过治疗，患犬各项指标有所好转，部分指标仍偏离正常范围（表1）。患犬经治疗后精神食欲恢复，出院调养。

表1 患犬治疗期间血常规检测表

项目/单位	1d	3d	5d	7d	10d	参考值
白细胞 10^9/L	27.2	22.5	22.0	22.3	20.0	6.0 ~ 17.0
粒细胞 10^9/L	1.8	1.1	1.9	2.1	2.3	4.0 ~ 10.8
中间细胞比率 %	9.4	7.4	10.0	13.7	14.6	3.0 ~ 15.0
淋巴细胞比率 %	82.4	87.0	81.2	76.8	70.4	12.0 ~ 30.0
淋巴细胞 10^9/L	18.6	17.9	17.9	17.1	18.2	0.8 ~ 5.1
中间细胞 10^9/L	1.9	1.5	2.2	3.1	3.5	0.1 ~ 3.4
粒细胞比率 %	8.2	5.6	8.8	9.5	8.8	60.0 ~ 77.0
红细胞总数 10^{12}/L	2.03	2.01	3.08	3.31	5.04	5.50 ~ 8.50
血红蛋白 g/L	63	43	70	72	119	110 ~ 190
血细胞比容 %	15.6	14.8	24.9	25.8	39.3	39.0 ~ 56.0
平均红细胞容积 fL	68.3	73.7	80.9	78.2	76.0	62.0 ~ 72.0
血红蛋白含量 pg	20.7	21.8	22.7	21.7	23.6	20.0 ~ 25.0
血红蛋白浓度 g/L	305	290	281	279	302	300 ~ 380

续表

项目/单位	1d	3d	5d	7d	10d	参考值
红细胞分布宽度 SD fL	27.9	29.7	46.5	35.3	35.3	37.0 ~ 54.0
红细胞分布宽度 CV %	12.0	12.1	17.4	13.7	13.7	11.0 ~ 15.5
血小板总数 10^9/L	19	58	199	305	443	117 ~ 460
血小板平均体积 fL	8.8	11.2	13.1	12.7	13.1	7.0 ~ 12.0
血小板分布宽度 %	10.5	14.1	15.4	15.4	15.1	0.1 ~ 30.0
血小板压积 %	0.01	0.06	0.26	0.38	0.58	0.01 ~ 99.9

2.2.2 生化和血气检查

血气和生化指标（表2）可见患犬轻度离子失衡，肝肾功能尚可。经过治疗，患犬各项指标逐渐恢复正常。

表2　患犬治疗期间生化血气检测表

项目/单位	1d	4d	8d	10d	参考值
氯 mmol/L	122	121	111	110	106 ~ 120
葡萄糖 mmol/L	5.66	5.73	5.17	5.0	3.3 ~ 6.1
尿素 mmol/L	5.64	5.15	5.07	4.34	2.5 ~ 8.9
钾 mmol/L	4.87	4.58	4.72	4.51	3.7 ~ 5.8
谷丙转氨酶 U/L	119	115	97	58	10 ~ 118
二氧化碳 mmol/L	23	18	18	16	12 ~ 27
肌酐 μmol/L	40	43	38	35	27 ~ 115
钠 mmol/L	156	140	146	142	138 ~ 160
白蛋白 g/L	28	31	34	32	25 ~ 44
总蛋白 g/L	62	67	67	66	54 ~ 82
淀粉酶 U/L	870	763	648	473	200 ~ 120
胆固醇 mmol/L	2.7	2.7	2.6	2.7	3.2 ~ 7
肌酐 μmol/L	54	57	51	47	27 ~ 115

2.2.3 尿液常规检查

尿常规提示有血红蛋白尿，尿液显微镜镜检未见明显异常（表3）。

表3　患犬治疗期间尿液常规检测表

项目	1d	2d	3d	4d	5d	6d	7d
尿胆原 μmol/L	1+	1+	1+	1+	–	–	–
胆红素 μmol/L	–	–	–	–	–	–	–
酮体 μmol/L	–	–	–	–	–	–	–

续表

项目	1d	2d	3d	4d	5d	6d	7d
血个 /μL	2+	2+	–	–	–	–	–
蛋白质 g/L	3+	3+	3+	2+	–	–	
亚硝酸盐 μmol/L	–	–	–	–	–	–	–
白细胞	2+	3+	2+	2+	3+	2+	–/+
葡萄糖 mmol/L	–	–	–	–	–	–	–
比重	1.020	1.025	1.020	1.010	1.010	1.010	1.010
PH 值	6.5	6.5	6.5	7.0	7.0	7.0	7.0

2.2.4 血涂片检查

头静脉采血制作血涂片，血涂片Diff-Quick染色可见，位于红细胞边缘及近中央位置，有圆点形、椭圆形虫体，呈深蓝色，有的细胞中可见两个及以上虫体。红细胞遭到破坏形态不一，中央淡染区增大（图3）。

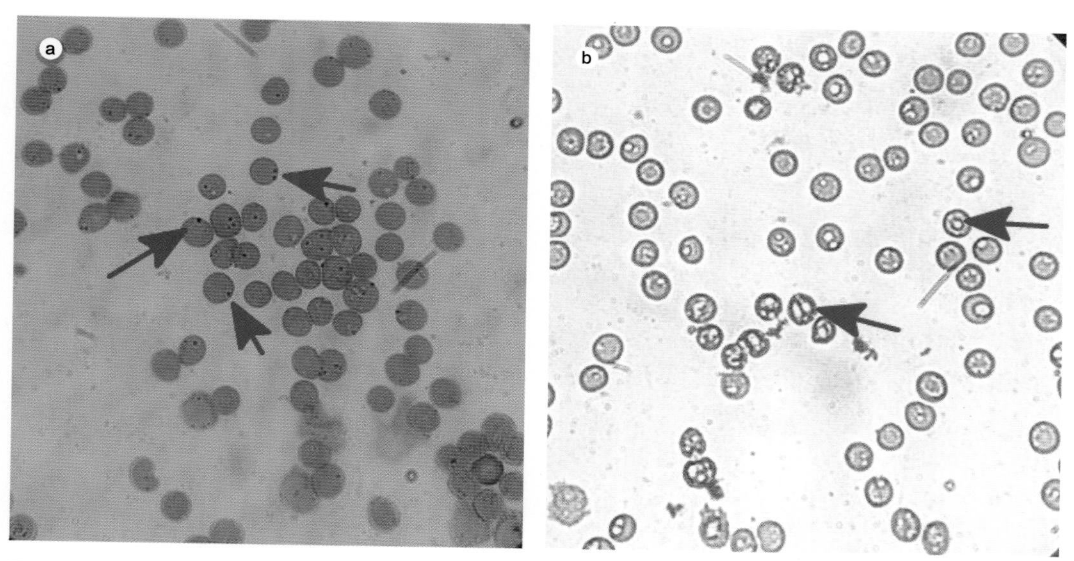

图3 Diff-Quick染色镜检（100倍放大）a中箭头所指为寄生于红细胞内的巴贝斯虫体，b中箭头所指可见被虫体破坏的红细胞

在犬只饲养中，要防止犬捕食啮齿类动物，防止猫粪污染饲料及饮水，在遛狗过程中尽量少钻草丛，同时一定要做好犬只、犬舍和笼舍的定期驱虫工作。要将体内外寄生虫驱除，才能得到良好的预防效果。

2.3 影像学检查

正侧位X线片影像显示该患犬出现肝脾肿大（图4）

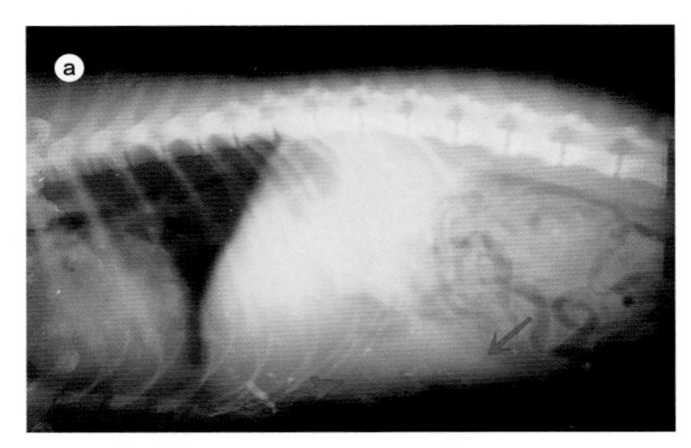

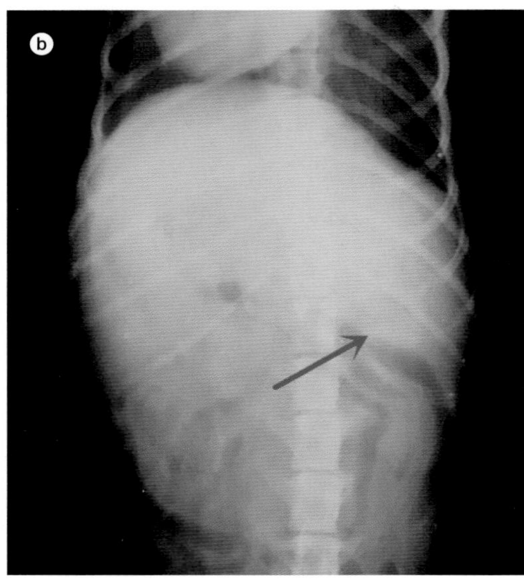

图4　患犬X线片正侧位影像。a和 b中均显示肝脾部位明显扩张的影像学特征，显示肝脾肿大

通过以上临床检查、血液学、影像学检查，最终诊断为犬巴贝斯虫感染所致的重型贫血及多器官功能障碍。

3 治疗

治疗原则：驱杀原虫，抗菌消炎，补液输血，对症治疗。

①皮下注射三氮脒50mg，每日1次，连用3d，之后间隔1周注射1次，以驱杀血液原虫。

②阿奇霉素、泼尼松、替硝唑抗菌消炎抗感染。

③补液、输血治疗，恢复血容量。白蛋白1.5g，用于提高血浆胶体渗透压，静脉输注全血150ml，配合使用促红细胞生成素800IU。口服$NaHCO_3$预防代谢性酸中毒的发生。

④给予安乃近解热镇痛，复方甘草酸二胺注射液用以保肝，此外，还补充维生素、ATP、辅酶A和生血营养膏等补充机体的能量供应。

⑤使用体外寄生虫喷剂，用以驱杀患犬体外寄生虫和患犬生活环境所存在的寄生虫。

经过1周的治疗，患犬食欲逐渐好转。眼结膜黄染逐渐消退，血液各项指标逐日恢复正常。10d后复诊，血涂片不见巴贝斯虫体，患犬恢复正常。

4 讨论

犬巴贝斯虫病是一种血液寄生虫病，其发病无性别倾向，对宿主细胞的破坏是巴贝斯虫病的主要危害之一[5]。近年来，巴贝斯虫病在我国呈逐年递增趋势，因此在临床诊疗中应受到重视。

在本病的诊断过程中，血涂片中发现虫体即可确诊。但很多犬会表现为细胞学检测阳性，临床表现正常；临床症状高度怀疑为巴贝斯虫感染，细胞学检测为阴性，因而不能单独使用细胞学检测来确诊巴贝斯虫病，可通过PCR方法来协助确诊，提高准确度。巴贝斯虫病常伴有其他体外寄生虫的感染，这也可为临床检查时提供依据[6]。

治疗过程中应综合考虑各方面的信息，通过血液学，影像学等指标全面分析患犬的情况，才能制定合理的治疗方案。用药同时也要注意其不良反应。对于犬猫而言，促红细胞生成素最主要的不良反应是产生自身抗体。如果治疗中红细胞比容逐步下降，应立即停止使用促红细胞生成素[7]。三氮脒毒性大，安全范围窄，超剂量使用，容易引起明显的神经系统症状，在使用时要谨防不良反巴贝斯虫侵染细胞后，可以使细胞释放大量促炎性物质导致多器官功能障碍综合征。如果病犬耐受，可带虫免疫2.5年之久。预防本病的主要方法是切断传染途径，消灭传染源。

应，或选用其他驱原虫药。病原体在红细胞内复制，引发血管内溶血性贫血，机体对抗虫体的免疫介导反应和自身抗原的改变能加重溶血性贫血。在治疗过程中往往需要多次输血，输血前要做交叉配血试验[8]。据报道，大约13%的犬输血时会发生输血反应[9]。在输血过程中或者输血后，如果患犬出现了用原发病无法解释的新临床症状，都应当视为输血反应并及时处理。

由于虫体对宿主红细胞的破坏，引起严重缺氧，可能出现代谢性酸中毒。同时巴贝斯虫病的并发症很多，主要有急性呼吸障碍、弥散性血管内凝血、充血性心力衰竭和肝肾功能障碍等[10]。因此在治疗过程中，要及时预防并发症。因其可常年带虫免疫，虫体无法从机体彻底清除，痊愈后1～4个月应注意监测复发情况。要提醒动物主人保持警惕性，一旦有临床症状要及时就医。

在犬只饲养中，要防止犬捕食啮齿类动物，防止猫粪污染饲料及饮水，在遛狗过程中尽量少钻草丛，同时一定要做好犬只、犬舍和笼舍的定期驱虫工作。要将体内外寄生虫驱除，才能得到良好的预防效果。

综上，犬巴贝斯虫病发生时，要准确诊断，综合分析，早治疗，大多可以很好治愈。延误病情，并发多器官功能衰竭的患犬，往往预后不良。

审稿：施振声　中国农业大学

参考文献

[1] 夏兆飞，张海彬，袁占奎.小动物内科学（第三版）.中国农业大学出社，北京: 2012:1253-4.

[2] 孔繁瑶，家畜寄生虫学（第二版）.中国农业大学出版社，北京: 2011:331-3.

[3] Krause PJ, Daily J, Telford SR, et al. Shared features in the pathobiology of babesiosis and malaria. Trends Parasitol, 2007, 23（12）: 605-10.

[4] Yokoyama N, Okamura M, garashi I. Erythrocyte invasion by Babesia parasites: Current advances in the elucidation of the molecular interactions between the protozoan ligands and host receptors in the invasion stage. Vet Parasitol, 2006, 138（1）: 21-32.

[5] 钟梅，一例犬韦氏巴贝斯虫病的诊断与治疗，广西畜牧兽医，2015（5）:266-8.

[6] 鲁毅，姚志军，王帅等.小议蜱媒传染病，兽医导刊，2016（4）:146

[7] 沈建忠，冯忠武. Plumb，s兽药手册（第五版），北京:中国农业大学出版社，2009:416-8.

[8] 丁校麟，温海，贺星亮等.犬血型与安全输血研究进展，江西农业学报，2011，23(1):159-63

[9] Erlm E, Hohenhausae. Packed red cell transfusions in dogs 131 cases, Jam Vet Med Assoc, 1993, 202:1495-9.

[10] 陈灏珠，林果为，王吉耀. 实用内科学（第十四版），上海人民卫生出版社，2013，5:713-5.

诊断小测试1

病史　你的诊断是什么？ What is your diagnosis?

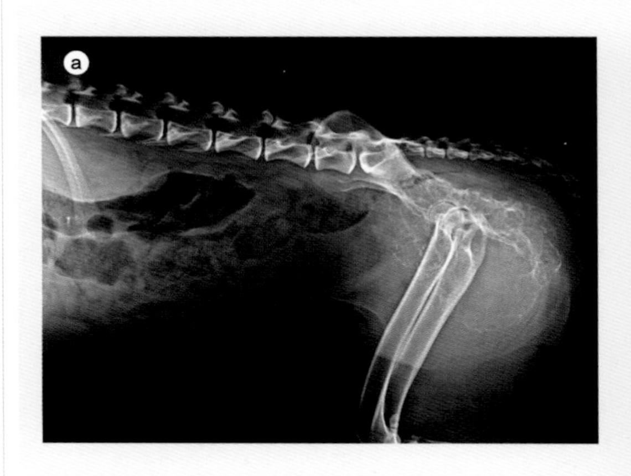

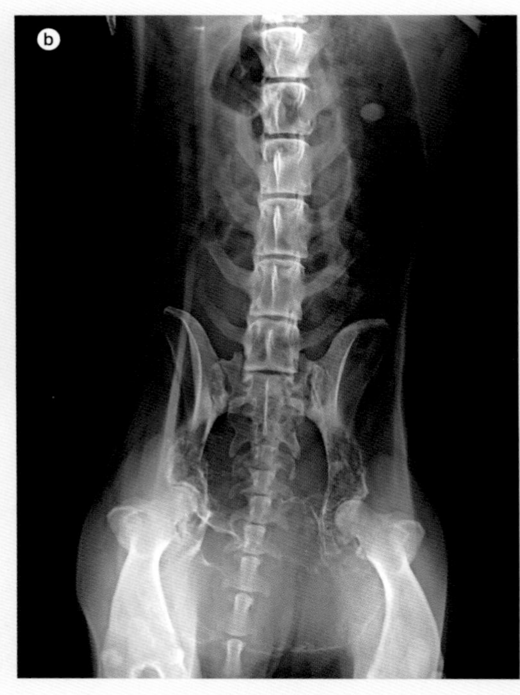

图1　一只4岁雌性已绝育串犬骨盆部侧位（A）和腹背位（B）X线片。后肢出现渐进性无力，破行10周

4岁雌性已绝育杂交犬，体重19kg（42磅）出现渐进性的后肢无力，10周前开始出现跛行和尿闭。该犬饲养在室内外可以随意进出的环境中，并未进行免疫和驱虫。

体检发现后肢肌肉萎缩并在右大腿内侧，接近腹股沟淋巴结有一处6cm×7cm×3cm大小的硬物，该肿胀应该属于腹股沟淋巴结；会阴部对称性肿胀。拉伸两侧后肢有痛感。神经学检查未见异常。

血常规检查结果：正细胞正色素性贫血（RBC：4.8×10^{12}个/L [参考范围：5.5×10^{12}～8.5×10^{12}个/L]；血红蛋白升高：21g/dL [参考范围：12～18g/dL]；红细胞压积降低，33% [参考范围：37%～55%]）。生化检查所见白蛋白降低（白蛋白：1.84g/dL；参考范围：2.6～3.3g/dL），球蛋白升高（球蛋白：9.8g/dL；参考范围：2.7～4.4g/dL），和血钙升高（总钙：11.9mg/dL；参考范围：9～11.3mg/dL）。血清肌酐和尿素氮浓度分别为0.57mg/dL（参考范围：0.50～1.5mg/dL）和28.4mg/dL（参考范围：21.4～60mg/dL）。尿液检查发现蛋白尿和尿比重升高（1.055）。血清电泳检查发现血清蛋白浓度升高（γ-球蛋白，48.4g/dL [参考范围：8.0～18.0g/dL]；$\alpha 2$-球蛋白，13.9g/dL [参考范围5.0～12.0g/dL]）。

胸部X线片未见异常。骨盆和后肢X线片如图所示（图1）。

思考是否需要进行更多的影像学检查，或是可由图1得出诊断结果

——结果见56页

犬猫麻醉监控之中心静脉压测定

Anesthesia Monitoring of Central Venous Pressure

朱保学 姚海峰*
北京派仕佳德动物医院，北京朝阳，100092

摘要： 中心静脉压监测适用于危重动物及复杂手术麻醉过程评估心脏功能、血容变化，对输液管理具有重要意义，本文重点介绍中心静脉压的测定方法及操作技术。

关键词： 中心静脉压，麻醉，输液管理

Abstract: CVP monitoring can be used in critically ill animals to monitor the function of the heart during anesthesia and as a guide to monitor clinical fluid therapy.This paper introduces the clinical application of central venous monitoring technique and skills.

Keyword: CVP, anesthesia monitor, management of fluid therapy

1 定义

中心静脉压（central venous pressure, CVP）是指血液经前腔静脉和后腔静脉进入右心房的压力，通过前腔静脉或右心房放置导管测得，是临床观察血液动力学的重要指标之一。

2 适应证

中心静脉压测定、静脉输液、全静脉营养、血液透析、采集血液。

3 操作方法

3.1 主要设备

中心静脉导管、中心静脉压测尺、有创监护仪、压力传感器、输液加压器（图1）。

3.2 穿刺部位

中心静脉压通过颈外静脉穿刺将导管置于前腔静脉或右心房测得，颈外静脉由舌面静脉和上颌静脉汇集而成，为头颈部粗大的静脉干，颈外静脉位于动物颈部胸骨头肌外侧，压迫入胸处静脉使其静脉扩张容易触诊，是临床上采血、输液的重要部位（图2）。

> 犬猫正常中心静脉压2~7cmH_2O。中心静脉压过低:血容量不足（脱水、失血）、血管扩张，中心静脉压过高：提示高血容量、右心功能衰竭、血管收缩、心包填塞、肺动脉高压等。

通讯作者
姚海峰 北京派仕佳德动物医院，dr.yao@sina.com。
Corresponding author: Eric Yao，dr.yao@sina.com，Beijing Petsguard Animal Hospital.

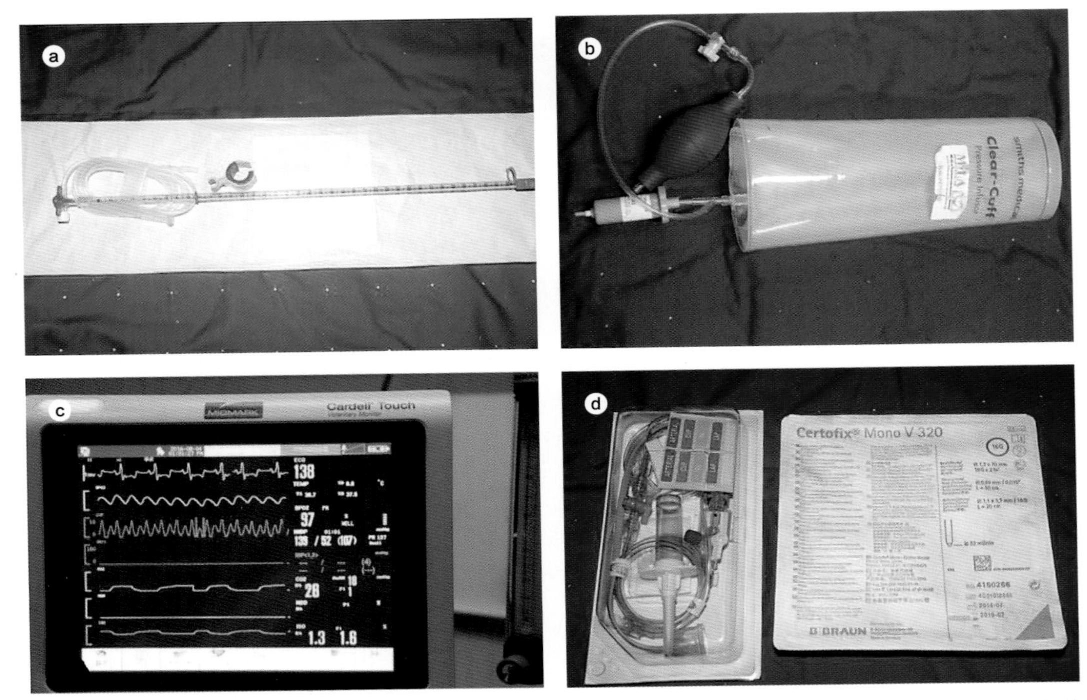

图1　中心静脉压测量设备图。 其中a是一次性测压管，b为输液加压器，c是有创监护仪#，d为一次性压力传感器及中央静脉导管

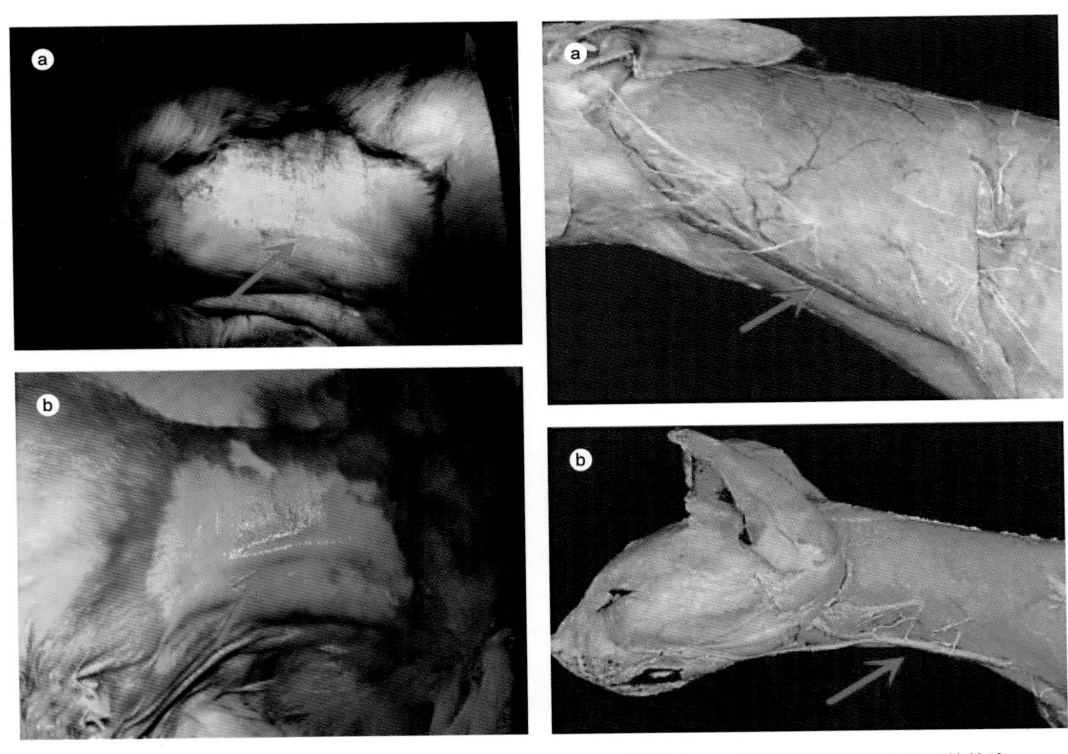

图2　测量犬猫中心静脉压的插管部位。a 中红色箭头指向犬的颈外静脉。b 中红色箭头指向猫的颈外静脉

3.3 操作步骤

①患病动物镇静，局部麻醉或全身麻醉，侧卧将前肢后拉，颈部伸直，从下颌关节至胸骨处，侧面至腹侧常规外科备皮消毒，盖上创巾。

②测量穿刺静脉处至第四肋骨大概距离，确定导管放置长度，用肝素生理盐水注满导管排净空气。

③在入胸处压迫颈静脉使得突起容易触诊，用穿刺针刺入穿刺部位皮肤，再刺入血管，也可以用刀片在穿刺部位皮肤切一创口进行血管穿刺，注意避免切到皮肤下血管。

④刺入静脉可见针座回血，将导丝通过穿刺针推入血管并退出穿刺针，然后将血管扩张器沿着导丝旋转通过穿刺部位皮肤及血管停留10s后退出。

⑤将导管沿着导丝推进血管，并用注射器负压抽吸血液确认位于血管内。

⑥关闭滑动钳后缝合固定翼，在穿刺部位涂抹抗生素软膏并贴上透明辅料贴（图3）。

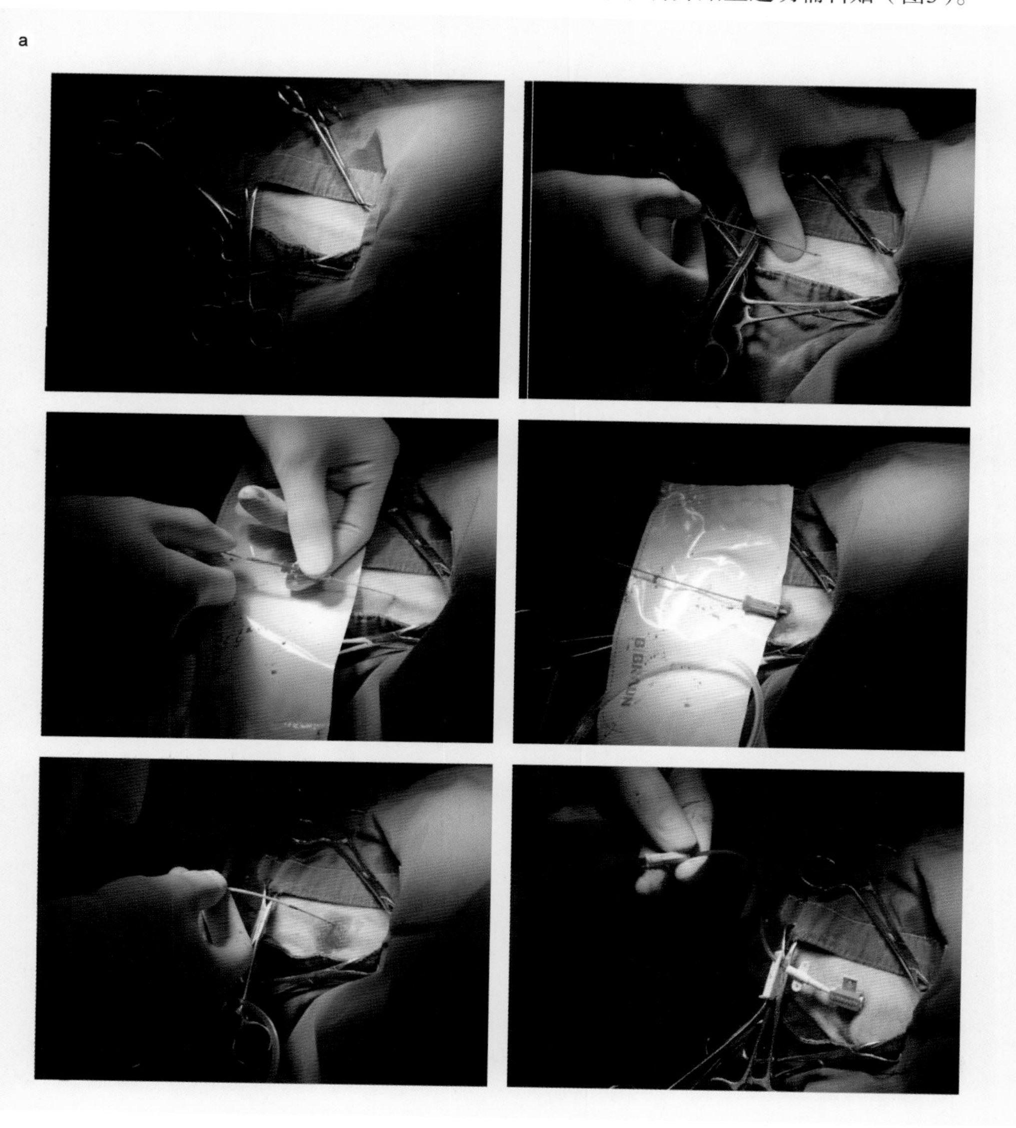

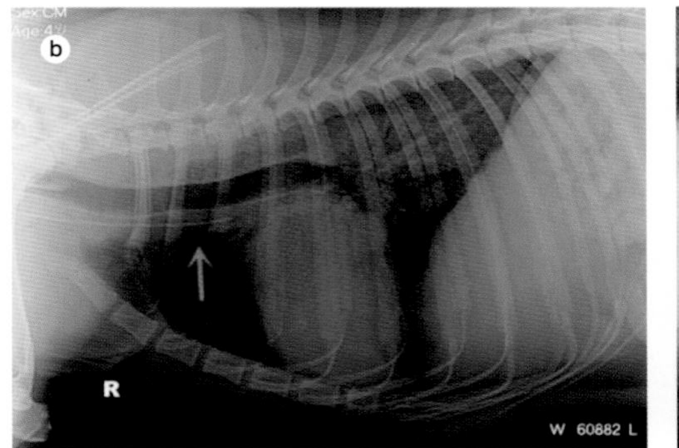

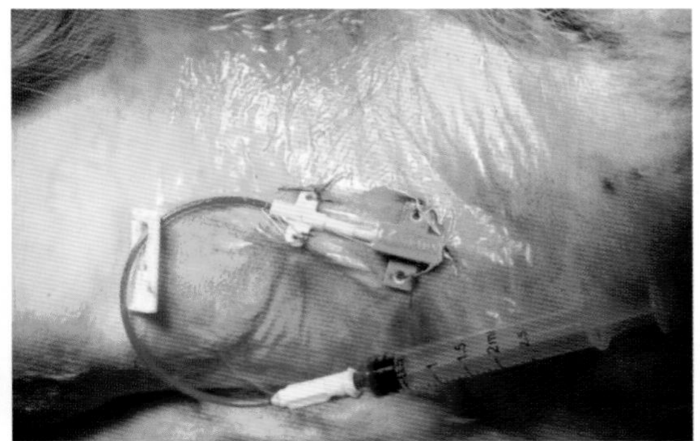

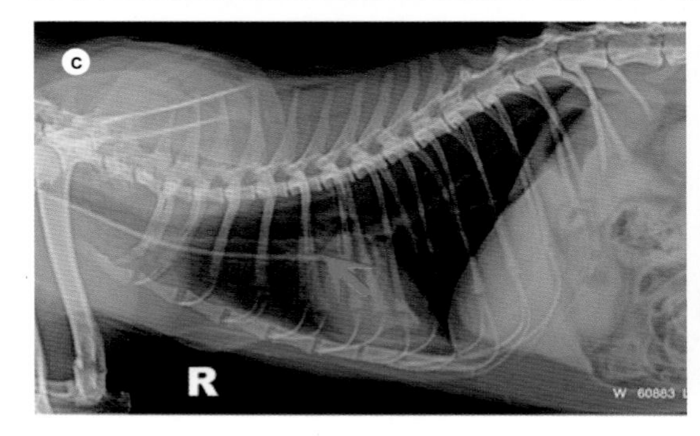

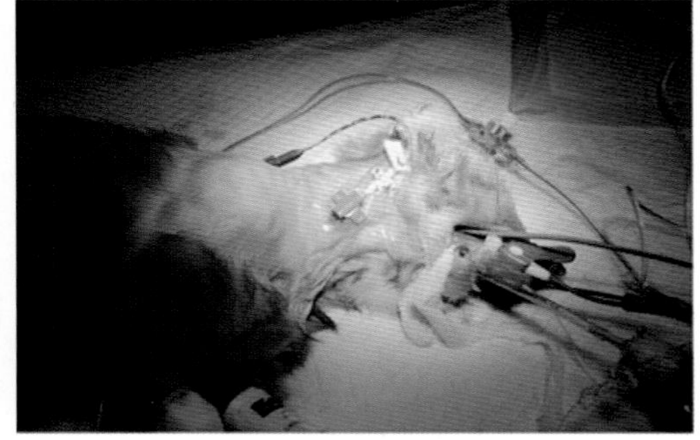

图3 a表示中心静脉导管穿刺置管过程。b 为犬安装中心静脉导管，c 为猫中心静脉导管安装示意

4 监测方法

4.1 连续动态测量

①将压力传感器与有创监护仪连接，输液加压器加压至200~250 mmHg*，肝素化生理盐水注满测压管排净管道空气。

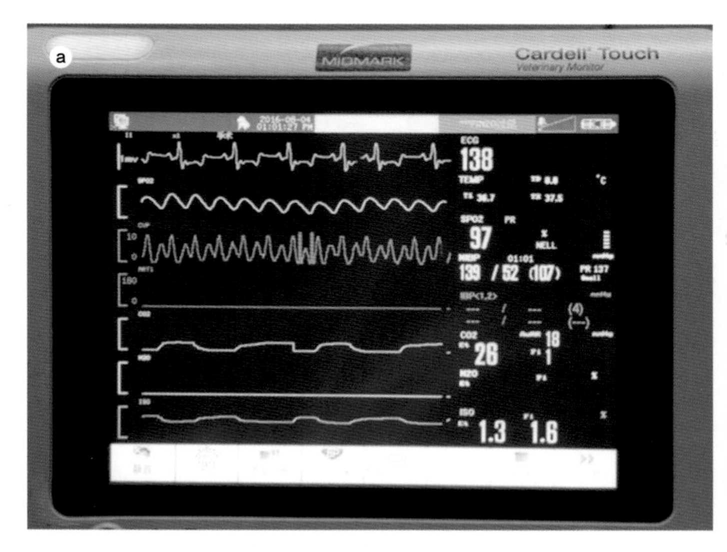

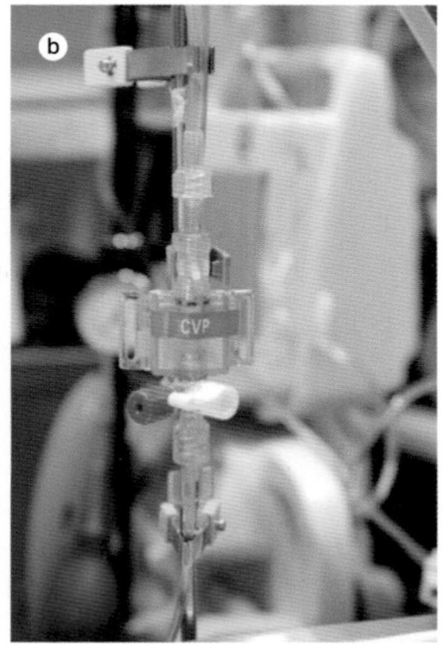

图4 中心静脉压的监测。a 为有创监护仪连续测量中心静脉压 b 传感器与右心房同一水平固定

* “mmHg” 为非法定计量单位，1mmHg=0.133kPa。——编者注

凝血功能障碍或穿刺部位感染禁止使用。

测量过程中要保持测压管“0”位置或压力转换器位置与动物右心房同高，测压管道要通畅，并用肝素化生理盐水冲洗防止堵塞。

②在监测前进行参数校准：将转换器与右心房同一平面并固定；转动三通阀使传感器与大气相通，点击监护仪校零，当显示屏显示“校零成功”后，即校零完毕。

③将压力传感器管道与中心静脉接口连接，并转动压力传感器三通阀门使其相通，此时监护仪便显示所测中心静脉压数值及波形（图4）。

4.2 普通标尺测量

①将中央静脉测压管三通阀门的一端接口连接生理盐水输液器并排净空气，然后将三通阀门另一端接口连接动物颈部中央静脉导管。

②将中央静脉测压管刻度上的“0”与动物右心房在同一水平面并将其固定。

③转动三通阀门使输液管道与测压管道相通，打开输液器液体进入测压管，浮标要高于实际动物中心静脉压值。

④关闭输液器，转动三通使测压管与中心静脉导管相通，此时测压管内球形浮标下降至所测中心静脉压数值（图5）。

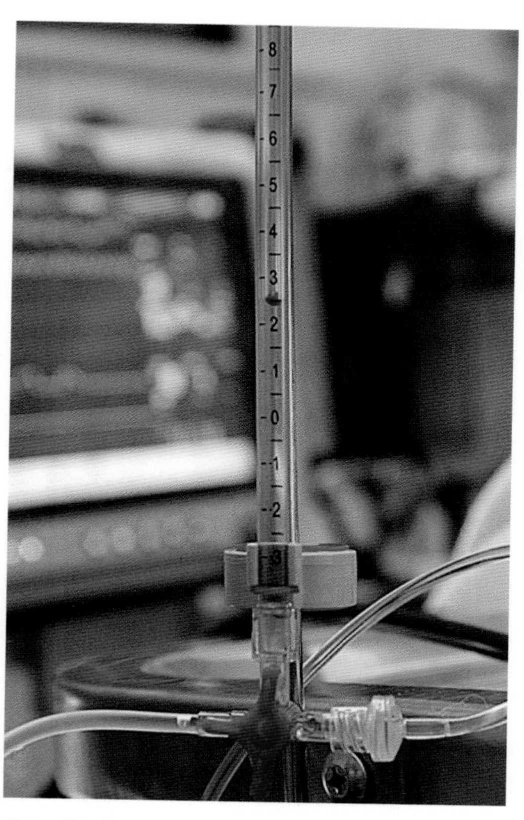

图5 普通标尺测量中心静脉压

5 临床意义

正常中心静脉压2～7cmH_2O。过低因素：血容量不足（脱水、失血）、血管扩张，中心静脉压过高时提示高血容量、右心功能衰竭、血管收缩、心包填塞、肺动脉高压等。

中心静脉压与血压联合监测分析对于麻醉维持更有意义。

中心静脉压低、血压低，提示血容量严重不足需充分扩容。

中心静脉压低、血压正常或高，提示血容轻度不足需适当扩容。

中心静脉压高、血压低，提示心输出下降血容过多。

中心静脉压高、血压正常，提示血管收缩。

中心静脉压正常、血压低，提示心输出下降，血管收缩血容量不足。

中心静脉压通过颈外静脉穿刺将导管置于前腔静脉或右心房测得，颈外静脉由舌面静脉和上颌静脉汇集而成，为头颈部粗大的静脉干，颈外静脉位于动物颈部胸骨头肌外侧，压迫入胸处静脉使其静脉扩张容易触诊，是临床上采血、输液的重要部位。

6 影响中心静脉压监测的因素

● 血管张力

血管扩张会使中心静脉压下降，反之血管收缩会使中心静脉压上升。

● 血容量

动物循环血容量增加会使中心静脉压上升（如过度输液），血容量下降（如大出血）会使中心静脉压下降。

● 心率

心动过速会使中心静脉压下降，心动过缓会使中心静脉压上升。

● 机械通气

机械通气和呼气末正压会使成中心静脉压上升。

● 胸腔压力

胸腔压力升高会使中心静脉压上升，下降则中心静脉压下降

● 测压管“0”位置

测压管“0”的位置或压力转换器的位置要与右心房同高。

7 注意事项

● 凝血功能障碍或穿刺部位感染时禁止使用。

● 导管穿刺置入过程及后期护理要严格遵循无菌操作原则。

● 中央静脉导管要固定牢靠，防止脱落、弯折、受压、扭曲，连接前空气排尽。

● 测量过程中要保持测压管“0”位置或压力转换器位置与动物右心房同高，测压管道要通畅，并用肝素化生理盐水冲洗防止堵塞。

脚注：# 有创监护仪 MIDMARK cardell’touch.

审稿：金艺鹏　中国农业大学

参考文献

[1] 兽医麻醉学手册 William W.Muir，III John A.E.Hubbell.Richard M.Bednarski.Phillip Lerche 原著；王咸祺审阅；王咸祺，王慧如，邱上辅、黄欣瑜编译. 第5版，台北市：台湾爱思唯尔，2014.5.

[2] 兽医解剖学彩色图谱犬猫篇（Color Atlas of Veterinary Anatomy，Volume 3，The Dog and Cat，2nd Edition）Stanley H. Done，BA，BVetMed，PhD，DECPHM，DECVP，FRCVS，FRCPath译者：赖昱璋医师台湾国立中兴大学兽医学院兽医系学士Elsevier Taiwan 2011.

[3] Small Animal Anesthesia and Pain Management，Jeff Ko：Manson Publishing，2013.

英国兽医临床沟通技能培训简介

A Brief Introduction of Clinical Communication Skills Training in the UK

刘萌萌*
英国爱丁堡大学，爱丁堡，G12 8QQ

摘要：临床门诊沟通是医疗服务中的重要环节。在兽医行业中，有效的门诊沟通是医患关系和谐以及医生顺利发挥临床专业技能的重要保障。本文以笔者在英国亲身接受的兽医临床沟通技能培训经历及内容为基础，结合对相关资料的收集整理，简要介绍当前英国兽医临床沟通技能培训的基本理念、教育状况以及具体的临床问诊技术理论指导，仅供广大兽医同行参考。

关键词：英国，临床沟通技能训练，问诊结构Calary−Cambridge 指南，兽医医患关系

Abstract: Clinical communication is a key element in medical service. In veterinary medicine, effective communication during consultation is essential for building up rapport between veterinarians and clients, as well as for allowing clinicians to smoothly perform professional skills. This article is based on the author's personal training experience in the UK combined with some research on relevant literature. It aims to give a brief introduction of basic principles, current status and practical skill guidance of up-to-date veterinary clinical communication skills training in the UK.

Keyword: United Kingdom, clinical communication skill training, consultation Structure, calary-cambridge guidance, veterinary-client-patient relationship

最初产生写下这篇文章的想法是笔者今年五月在英格兰城市Leeds参加了一场英国皇家兽医学院主办的针对海外兽医的从业培训。培训旨在帮助海外兽医适应英国本土兽医执业环境，因此涉及在英国做兽医的方方面面。从最开始的如何递简历找工作到入职后的继续教育以及如何处理与雇主及客户关系，一系列的讲座内容精炼而实用。其中，印象最深刻的讲座是探讨如何提升兽医临床沟通技能。

英国兽医一线临床杂志（*In Practice*）中的一篇文章中的观点在此值得一提：与很多人想象的不同，优秀的沟通技能并非完全取决于个人性格，沟通技能与临床专业技能

作者简介
刘萌萌 英国爱丁堡大学，邮箱concertina@126.com。
Author: Mengmeng Liu，concertina@126.com，The University of Edinburgh.

一样可以通过训练而得到提高[1]。真正优秀的沟通不等于对客户说话客气或一味地取悦客户，其背后的更深层的意义是基于同理心（empathy）、尊重与理解，用适当的交流方式与客户建立相互信任，有效地进行医疗信息交换，帮助临床医生更得心应手地发挥施展专业技能。在兽医行业，因为患病动物无法替自己发言，临床问诊环节中与动物主人的交流是获得完整清晰病史的关键。另外，当前兽医诊疗行业竞争激烈，动物主人对兽医的要求也日益提高。良好的客户沟通对动物主人而言意味着优质的服务水平，主人的满意度得到提升同时亦能增加临床收入，可实现双赢。

在此简要介绍下英国兽医临床沟通技能专业培训的发展历程[2]：英国大部分兽医院校长期以来都很认可问诊和沟通技能在兽医临床应用中的重要性，但是在2000年之前，只有个别院校在兽医本科教学课程中涉及此项内容。2002年，英国各大兽医院校的教师代表与人医教师代表以及其他相关团体合作，开会讨论著名的医学问诊工具Calary-Cambridge指南，并根据兽医临床特点对其进行修改。原版Calary-Cambridge 指南描述了问诊过程中的一些实用技术与流程，目的是帮助临床医生与患者更有效地进行交流沟通。该指南当前广泛应用于英国医疗体系，被临床工作者评价为非常有价值的指导工具。在2002年关于修正Calary-Cambridge指南的讨论会结束不久后，临床问诊与沟通技能训练被正式引入英国以及爱尔兰的兽医教育系统，成为各大兽医院校本科生必修课程。2006年的调查报告显示，问诊与沟通技能训练在兽医学生以及动物主人中均引起了积极反响。目前，由英国兽医维权协会（Veterinary Defence Society）负责英国兽医院校的沟通技能培训。

笔者参加的在Leeds举办的临床沟通技能短期培训，为当前英国兽医院校教学课程的一个缩影。培训先是以讲座形式给出明确的临床问诊理论基础，之后大部分时间用于模拟实战。实战选取的案例多为兽医门诊中较常见的复杂状况，比如问诊过程中动物主人有自己的理论不肯接受兽医的建议、如何向动物主人交待截肢以及安乐死等伤感的话题方案等等。案例演习的具体内容在此无法一一描述，本文主要以笔记摘要形式尽量客观还原培训的核心理论。虽然培训中的主题是临床问诊沟通技巧，其中的很多理念与方法亦适用于之后的治疗阶段沟通以及处理更复杂的纠纷问题。

根据英国兽医维权协会制定的兽医临床沟通技能培训纲要[3, 4]，有效的问诊应当有清楚的流程结构，可以分为以下几步：

1. 接诊前准备；
2. 开始接诊；
3. 收集病史信息；
4. 动物体况检查；
5. 解释检查结果与讨论下一步诊疗方案以及；
6. 总结结束问诊。

以下归纳了针对上述每一步骤的具体建议以及一些实用技巧：

1 接诊前准备

应做到以下几点：

- 思维进入状态。放下之前的工作，清空大脑准备接诊。
- 尽可能事先熟悉动物主人以及患病动物的基本信息与以往病史。
- 创造专业、友好且安全的看诊环境。比如为年长的动物主人主动提供座椅。事先确保诊室环境对于患病动物和人都很安全。

2 开始接诊

从接诊开始时即与动物主人建立起融洽关系（rapport），这一点非常重要。良好的第一印象会让动物主人感受到被重视与尊重，之后会更愿意配合兽医。以下是帮助建立融洽关系的一些建议：：

- 接诊前事先了解动物主人姓名及患病动物名，接待问候时予以适当称谓。
- 自我介绍，解释自己的身份角色，解释问诊性质，征求动物主人同意。
- 对动物主人与动物表示出兴趣、关注与尊重。确保动物主人、兽医以及动物均安全舒适。
- 运用积极的肢体语言：如握手、微笑以及目光交流。
- 留意动物主人的情绪。

问诊时，应从开放式问题（open question）开始，问清楚前来就诊的原因。问题如“我可以帮您做点什么呢?”会非常实用。尽可能给动物主人充足的时间来描述动物的病史，尽量耐心倾听，不要急于打断或者引导动物主人回答。研究表明兽医留给动物主人自由叙述病情的平均时间只有18s。与大多数人预期的不同，给动物主人充足的时间叙述动物病情往往比兽医有针对性地提问问题能更快地得到完整病史。在此过程中可以通过用鼓励性的语言及肢体语言来鼓励动物主人诉说病情，尽量应用“您还发现其他问题了吗?”来引导，比如：“所以您发现您家猫咪呕吐，食欲不振，您还发现其他问题了吗?”

与动物主人一起讨论接下来的方案与日程。 当你感觉对大致病情有所了解时，应该向动物主人交待清楚接下来的问诊程序。这样做可以帮助你自己理清思路，同时与动物主人分享你的想法会帮助你收集所有的必要信息，使有限的时间得以更充分地利用，并且还会让动物主人有参与感。举例说明-兽医：“那我们先来解决呕吐与腹泻问题，之后再解决耳朵的问题好吗?”

当动物主人持有不同的观点时。 有时动物主人可能会对动物的病情持有不同的观点与感觉。比如他们可能通过网络查询信息并且有自己的一套理论。比如某动物主人会担心刚从犬舍领养回来的不停咳嗽的一岁小狗可能患有肺癌。对待类似状况，在你给出自己的诊断之前，不能选择一味地忽略主人的想法，相反你需要表示你会留心他们的想法。举例说明-兽医：“我明白你会想检查一下（是否有肺癌）。”

3 收集病史信息

> **在此有两个目的：**
>
> 一是尽量有效地了解动物准确完整的病史；
> 二是了解动物主人的想法、顾虑以及期望。

一旦与主人达成共识，可以进入到下一步具体的问诊环节以收集更多的信息。

积极倾听与归纳动物主人描述的病史信息，保持逻辑清晰的问诊思路以及与动物主人保持良好的互动关系是贯穿整个问诊过程的三大要素。针对每一要素，都有相应的技巧建议。

1 通过积极倾听发现问题

- 鼓励动物主人用他们自己的语言描述动物的全部病史。
- 使用开放式提问以及有针对性地提问，由开放式问题开始逐步过渡到具体问题。 比如从“猫咪食欲如何?”转到“她这样不舒服有多长时间了?”
- 认真倾听，给动物主人思考时间，不要急于打断；把注意力集中放在主人的回答，而非在头脑中准备下一个问题。
- 用积极的语言与肢体语言鼓励动物主人回答问题：如重复主人的答案、目光交流、点头肯定主人的答案等等。
- 留意主人的语言以及非肢体语言线索，如有必要应给于适当关注。
- 对于模糊的答案可要求进一步澄清，如“关于您提到的她最近饮水过多的问题，可以再说得具体些吗?”
- 根据自己的理解，分阶段式地总结动物主人的答案，与动物主人核实。鼓励动物主人纠正自己的理解错误或者提供更多信息。
- 问诊过程中尽量使用清楚、易懂的语言，避免用晦涩的专业术语与动物主人沟通。

2 建立有逻辑性的问诊结构

- 使条理清晰：每一个具体话题结束之前进行小结，确保主人理解之后再继续进行下一个话题。
- 使用引导性词语从一个环节过渡到下一个环节；包含执行下一步计划的逻辑，比如：“在我检查Murphy之前我需要问您几个问题。”

3 与动物主人建立友好关系

- 非语言行为：注意目光交流、姿势与动作、面部表情以及说话语气。研究表明，非语言行为在临床问诊中非常重要。
- 如果需要读病例、记笔记或者使用电脑，尽量保证不影响对话交流。
- 重视动物主人的观点与感受，接受合理性，避免对主人评判。
- 表示理解动物的重要性及其价值。
- 运用同理心交流，来理解动物及动物主人的感受。
- 为动物主人提供支持：表达顾虑、理解，愿意提供帮助；肯定主人对情况处理的努力以及对动物的合理照顾，建立合作伙伴关系。

- 谨慎处理敏感性问题以及对动物进行体格检查时可能会造成的疼痛。
- 让动物主人参与其中。分享想法- 与主人交流分享你的想法可以鼓励主人的参与；解释逻辑- 对于一些看起来与病情不相关的问题或者检查给予合理解释。
- 让动物参与其中。问诊过程中关注动物，不要忘记动物的存在；检查动物时要富有同情心地接近与处置动物。

4 体格检查

在进行体况检查时，需要注意的沟通问题有：

- 与动物主人确认是否愿意帮助保定动物。
- 对于检查过程中可能会对动物造成的不适，应提前告知动物主人，让其有心理准备。

5 解释检查结果与讨论下一步诊疗方案

向动物主人提供适当的病情信息

目标
根据动物主人需求不同，提供适当的病情信息，避免过多或过少。
方法
● 对于必要的诊断与治疗信息、预后以及费用问题，可以采用“分段核实”（chunks and checks）的方式。即将必要信息分成几部分，向动物主人解释完一部分后与主人核实他（她）对这一部分内容的理解。在此基础上，根据主人的意愿向主人提供其他信息，比如有些主人想要了解疾病的成因。注意解释的时机，避免过早给出建议或者做出保证。

帮助准确理解与回忆

目标
尽量使要表达的信息有助于动物主人理解记忆。
方法
● 组织语言结构，使其具有逻辑性。 ● 将信息归类或分点，如：“接下来有三件重要的事情我想和您讨论。” ● 适当地重复与总结，以加深记忆。 ● 用清楚易懂的语言来解释，避免使用晦涩的专业术语。 ● 运用可视化方法来帮助表达信息，比如用画图方式，又如将医嘱打印或手写出来。 ● 与动物主人核对，确保动物主人明白被交待的信息。

与动物主人达成共识：包含动物主人的观点

目标
给出与动物主人的观点相关的解释与计划；觉察动物主人对于所给信息的想法与感觉；鼓励动物主人参与互动而兽医非单方面输出信息。
方法
● 解释主人最初的担忧。 ● 提供机会让主人贡献自己的想法或表达疑惑，并适当回复。 ● 留意语言与非语言线索：比如主人可能想问问题但没有说出口、感觉信息量太大或者感到忧虑。 ● 关于医嘱、问诊交流的语言以及费用问题等，尽量了解动物主人的真实想法以及感觉，运用同理心与动物主人进行沟通。

下一步诊疗计划：适当地与动物主人共同做决定

目标	方法
使动物主人了解做决定的过程，如果动物主人愿意可以让其参与做决定，这样有助于提高动物主人对所制定方案的配合度。	● 与动物主人分享你的想法。 ● 提供不同的方案供参考。 ● 鼓励动物主人积极发表意见。 ● 商讨达成共识。 ● 鼓励动物主人积极参与做决定。 ● 与动物主人确认最终方案。

6 结束问诊

● 简要总结，重复阐明接下来的诊疗方案以及过程中可能出现的问题，以及当出现问题时动物主人该如何寻求帮助。

● 如果有必要，与动物主人签署协议。

● 最后确认动物主人同意当前方案，确认动物主人没有任何疑虑，道别。

以上内容即为以Calary-Cambridge指南为基础的英国兽医临床标准化问诊流程。由于单纯的理论与技巧描述比较抽象，为帮助读者理解与体会，笔者在本文的最后附上了培训材料中给出的具体案例以及案例解析的原文翻译[3]，希望可以更形象地说明问题。

每当试图评价或借鉴国外的新观点或理念时，不可否认的是，国情与社会文化差异是必须要考虑的因素。但是，一些核心的原则与技巧，如临床问诊沟通中始终强调的同理心、理解与尊重，无关文化与背景，应当是每一个医疗从业人员的必修素养。在追求专业技术进步的同时，临床沟通技能也应当是医生职业生涯中不断追求完善的能力，沟通技巧的提升并非一朝一夕，需要在具体实践中不断地磨砺与总结。希望本文能对我国兽医同行有所帮助，更希望在未来的日子里动物主人与兽医双方对我们的兽医临床服务体系都更加满意，减少医患纠纷，建立更加和谐的医患关系。

特别致谢

感谢英国兽医维权协会于2016年五月在英格兰Leeds举办的海外兽医临床技能培训以及培训期间所提供的书面材料。

附：临床问诊沟通技巧培训之具体案例

下面案例中的大部分问诊环节都会给出两种不同的问诊版本。推荐读者在阅读案例分析之前先自己去体会、思考不同的设定，并问自己对于模拟问诊中的不足之处该如何改进：

出场角色：
兽医：罗宾·法拉
动物主人：坎丁斯基夫人
就诊动物：弗洛伦兹，一只18岁的母猫

准备环节

由于就诊动物是猫咪，所以兽医罗宾在接诊前确认了该诊室环境适合接诊猫咪，动物不会在就诊过程中逃脱。动物主人坎丁斯基夫人是位年长客户，罗宾也事先为她准备了座椅。

罗宾查阅弗洛伦兹的以往病史，发现她上次来就诊是六个月之前。

开始接诊

版本一	版本二
罗宾：“你好坎丁斯基夫人，请进！弗洛伦兹今天状态怎么样？今天过来就是为了给她做每六个月一次的体检，外加驱虫以及除蚤，对不对？”	罗宾：“坎丁斯基夫人，请进，您好吗？ 弗洛伦兹一切可好？ ” 坎丁斯基夫人：“哦，法拉先生，我非常担心她，她的状态不太好。” 罗宾：“请告诉我是怎么回事？” 坎丁斯基夫人：“是这样，她过去三天都不吃食，看起来很反常。她一直在睡……她的窝在暖气附近。”

分析

版本一中罗宾的开场白非常愉快友好。他指出了弗洛伦兹通常每六个月会来做一次体检以及驱虫、除蚤。 问题是，他事先假设了此次就诊也是同样原因，相当于是在坎丁斯基夫人还没有机会发言的情况下就预先安排了接下来的工作。他看起来是在进行一次愉快、简单的问诊-也许他是在赶时间，或者是他刚刚接诊完一个棘手的病例正处于松了口气的休息状态。

研究表明，如果坎丁斯基夫人感觉她没有完全参与其中，会降低她的满意度[1]，以及降低对兽医随后给出的治疗方案的配合度[6]，进而会影响弗洛伦兹的健康[7]。这种问诊方式还可能会导致动物主人在就诊的最后一刻提出动物有其他的问题，但往往此时兽医已经没有时间再收集所有的必要信息[8]。

许多兽医都担心，如果从一开始就让主人自由叙述，主人会说的太多占用太长的问诊时间。但是在一项大范围的医学调查显示，在接诊最开始，患者不被打断地自由叙述平均时间只有92s[9]。

那么罗宾该如何改进呢？ 罗宾可以以开放式问题开头，随后努力不打断主人叙述，认真倾听。或者他也可以表示他意识到了主要问题所在，但是仍然为坎丁斯基夫人提供机会来叙述她的其他顾虑，如版本二中的沟通方式。

收集信息

版本一

罗宾："你好坎丁斯基夫人，请进！弗洛伦兹今天状态怎么样？今天过来就是为了给她做每六个月一次的体检，外加驱虫以及除蚤，对不对？"
坎丁斯基夫人："不是的，我非常担心弗洛伦兹，法拉先生。她食欲不振。"
罗宾："她这样有多长时间啦？"
坎丁斯基夫人："已经三天了……她只是走向她的食物……然后……"
罗宾（打断）："那她吐了吗？ "
坎丁斯基夫人："没有，但是她一直咳嗽。"
罗宾："拉稀吗？"
坎丁斯基夫人：" 没有，但是我也没看见她去上厕所。"
罗宾："她排尿吗？"
坎丁斯基夫人："是的，一天两次，她在花园里解决。"
罗宾："费加罗（坎丁斯基夫人的另一只猫）还好吗？"
坎丁斯基夫人："他挺好的。吃得好，一如既往地欺负大家。"
罗宾："那就好。弗洛伦兹三天之前一切正常吗？"
坎丁斯基夫人："是的，她看起来很好一直到三天前-我从来没有这么担心过，法拉先生-她通常是一只很健康的猫咪。"
罗宾："是啊，我知道。她睡得比以前多吗？"
坎丁斯基夫人："是的，她大部分时间都呆在暖气旁边的窝里。"
罗宾："但是她会去花园？"
坎丁斯基夫人："是的，但只有她需要上厕所时才去。"
罗宾："那喝水呢？她喝水吗？"
坎丁斯基夫人："是的，我看见过她喝水。这对于她来说很不同寻常。"
罗宾："她最近三天体重有变轻吗？"
坎丁斯基夫人："有。实际上，我想体重变轻这事要更久一些，我注意到她变瘦有一段时间了。"
罗宾："最早是什么时间发现的？"
坎丁斯基夫人："大约两个月前"
罗宾："那她有拉稀吗？"
坎丁斯基夫人："没有。"
罗宾："还注意到其他的问题了吗？"
坎丁斯基夫人："没有，我想就是这样。"
罗宾："好的，下面让我们来看看弗洛伦茨……"

续表

分析
在这里罗宾的态度大致是友好的，他通过询问另一只猫咪的状况试图与主人拉近距离。但是在他打断对话开始有针对性地发问之前，他并没有给坎丁斯基夫人时间来叙述完整的病史[10]。 坎丁斯基夫人回答弗洛伦兹本次就诊并不是为了例行检查，有些出乎意料，但是罗宾没有有效地从她那里获得病史，虽然他曾经一度有机会这样做。他飞快地将话题转移到腹泻的问题上，并且不断重复提问关于腹泻的问题。 他一度可以用引导性语言，比如“我稍后会问您关于咳嗽的问题，然后我们再讨论她的食欲变化。”这样不但可以保持他自己的思路清晰，而且也让坎丁斯基夫人更了解状况，更有参与感。他也可以询问坎丁斯基夫人是否有更多的看法与顾虑[11]。如果他不能成功地觉察动物主人的真实想法，则可能会大大影响主人的满意度以及配合度[12]。 另外，他应该表现出更多的同理心。一项关于人医临床问诊的研究表明，使用一些积极的非语言信号如目光交流、微笑以及点头，以及一些肯定性的语言比如“这样啊”、“请继续”可以提升就诊患者的满意度[18]。 最后，在掌握了全部病史的情况下，对信息进行总结以及筛查是个很好的主意，这样可以确认坎丁斯基夫人没有遗漏任何信息以及确保完全理解。 接下来让我们看看另一种场景设定，如果罗宾在一开始提出的是开放式问题，并且积极地鼓励主人自由叙述不干预打断，会是什么样的状况…

版本二
罗宾：“坎丁斯基夫人，请进，您好吗？弗洛伦兹一切可好？ ” 坎丁斯基夫人：“哦，法拉先生，我非常担心她，她的状态不太好。” 罗宾：“请告诉我是怎么回事？” 坎丁斯基夫人：“是这样，她过去三天都不吃食，看起来很反常。她一直在睡……她的窝在暖气附近。 罗宾：“您接着说。” 坎丁斯基夫人：“是这样，她仅仅出门去花园小便。她用猫沙盆大便，但是过去三天都没有用过。也许她便秘了？” 罗宾：“之后我们会检查这个。好了，我小结一下，她不吃东西，并且睡很长时间。她过去三天没有大便但是会去小便，您还发现其他问题了吗？” 坎丁斯基夫人：“还有就是她最近变瘦了，尤其是过去三天。不过我发现她体重减轻有两个月了。” 罗宾：“所以，体重也减轻了-还有其他问题吗？” 坎丁斯基夫人：“她偶尔会咳嗽。” 罗宾：“……还有咳嗽。她喝水与平时相比有没有增多？” 坎丁斯基夫人：“这个，她喝水-我之前从来没有见过她用饮水盆，但是最近她经常呆在那儿。我真的很担心她，法拉先生。” 罗宾：“我知道，我能看出来您很担心-您刚刚为我提供了一些非常有用的信息，接下来让我们看看她，然后我们可能会更清楚究竟是怎么一回事-来吧弗洛伦茨，轮到你啦。”

体格检查

版本一	版本二
（体格检查在沉默中进行……） 分析：这样做意味着罗宾失去了一个保持与坎丁斯基夫人互动的黄金机会，请与版本二相比较：	“我刚刚检查了她的牙齿与牙龈。作为一只老年猫咪，她的牙齿状况非常好。她的牙龈颜色有点发紫，我来听一下她的心脏。接下来我可能会沉默几分钟。”

分析

对动物进行体检时，通常动物主人并不清楚你在做什么，除非你告诉他们-尤其是当你检查的区域看起来与动物表现的临床症状不相关的时候。在做体格检查的时，尽量保持向主人描述你的检查结果，这也意味着当你接下来解释病情的时候，你只需要对此进行总结。体检过程中保持交流的另一个好处是，你可以向动物主人解释检查中可能会对动物造成的某些不适，以及可以确认主人是否愿意参与保定动物。

解释检查结果

版本一

罗宾：“是这样，坎丁斯基夫人，看起来弗洛伦兹可能有甲状腺功能过于活跃的问题。我稍后会做一些血液学检查来确诊，但是目前所有的症状都指向这个问题。”
坎丁斯基夫人：“那很严重吗?”
罗宾：“这在老年猫是非常常见的问题……”

分析

这里罗宾提到了甲状腺的问题，但是他并不知道坎丁斯基夫人是否了解这种疾病，而且也没于回答她的问题-这种病到底有多严重。他也没有成功地使用“分段核实”的方法来将信息分割成小部分-确保每一部分的信息被理解之后再进行到下一部分。

如果可能的话，他应当尽量避免使用医学术语例如“甲状腺机能亢进”，研究表明动物主人通常不喜欢主动发问让医生解释，即使他们不清楚某个医学术语的意思[13]。在这种情况下，兽医可以提问一个很好用的问题：“您对这种病有经验么?”这样发问会给坎丁斯基夫人一个说不了解的机会而且并不会让她尴尬，如果她的答案是了解，那么罗宾可以判断她的知识水平并用恰当的语言来向她解释。

计划动物的治疗方案

版本一

罗宾：“这在老年猫是非常常见的问题…..但是对于这种病我们有若干种治疗方法。 我们可以手术切除增大的甲状腺，我们也可以将她转诊去做放射碘疗法，或者她可以终生服用药片。”

续表

坎丁斯基夫人："哦……法拉先生，让她吃药是不可能的事情。而且我想她这么大年纪了我也不愿意让她做手术。"
罗宾："放射碘疗法昂贵，那意味着她在治疗期间将要在专科医院呆一阵子了。"
坎丁斯基夫人："我也不确定这是不是一个好的选择-弗洛伦茨很恋家……我的意思是我得卖掉我的房子来为她治病，我并不富裕，而且保险公司因为她的年龄也拒绝为她续保。"
罗宾："这样，我们先做血液检查，之后我们再聊方案-她这么大年纪，可能让她离开这个世界会比较仁慈。"
（坎丁斯基夫人眼泪汪汪……）
坎丁斯基夫人："我不想失去她……她是家庭的一部分……我感觉如果我们不得不让她离开这个世界她会失望的。"
罗宾："你看，我们不必现在谈这个。"

分析

让我们看一看这里发生了什么，为什么坎丁斯基夫人瞬间变得很焦虑。

首先，罗宾开门见山直接给出治疗方案，没有引导-让动物主人有心理准备。有趣的是，治疗师的研究显示，引导语的使用与减少对于治疗不当的举报高度相关，即正确地使用引导语可以减少患者的医疗投诉[19]。

他在同一句话中用三种治疗方案"轰炸"坎丁斯基夫人。她立刻提到了她的困难区域-喂药片，同时也排除了手术方案。罗宾指出了第三种治疗方案的费用问题，但是当这成为一个明显的需要解决的问题时，他突然提出了极端的第四种方案-安乐死。随后他又回归原来的话题，因为坎丁斯基夫人表现得很伤心。

关于坎丁斯基夫人的顾虑，他没有表现出同理心，例如："我能看出您非常担心这个-您需要我重复解释某些信息吗?"，而且他也没有为她的问题提供解决方案。人医研究结果表明，医生的同理心与患者满意度密切相关[14]，因为它给出了肯定的信息，"有那样的感觉是可以被接受的，没有关系。"

治疗计划与决策应当由兽医与主人共同商讨决定。比如，"较理想"的治疗方案可能对于动物主人来说并不现实，或者有经济因素制约。治疗方案应当被平等地列举出来，但每一种方案都应该尽可能有循证医学的研究数据支持，以方便主人做出明智的决定。

如果主人不能，或者不愿意做决定怎么办？一些动物主人会问，"如果这是你的猫咪你会怎么做?"这是一种很难处理的状况。最简单的第一时间回答是："如果是我，我也同样会觉得很难决定。"之后再重新回到几种治疗方案，探讨每种方案的优点与缺点。

如果不是紧急情况，可以让主人先回去慢慢考虑，如有需要，可以把必要信息写下来给主人带回去。他们可能会想与其他人讨论。如果情况紧急，那么你可能需要花更多的时间来再次重复讨论治疗方案。

接下来让我们看一下版本二中罗宾如何使用上述的一些技巧来帮助坎丁斯基夫人选择治疗方案......

续表

版本二
罗宾:“这样,坎丁斯基夫人-我们来总结一下,我为弗洛伦兹做了全面检查,我提到她的心跳很快,她体重减轻并且颈部甲状腺增大-我们需要做一些血液学检查来确诊,但目前来看甲状腺过于活跃的可能性最大。您有关于这方面的经验吗?” 坎丁斯基夫人:“我的姐妹有甲状腺功能不足的问题。她为了这个服药。” 罗宾:“是的,服药也是弗洛伦兹的治疗选择之一-但是她的问题刚好相反-她的甲状腺是过于活跃。如果让她服药,您觉得怎么样?” 坎丁斯基夫人:“哦,吃药对她来说非常糟糕。我们真的有困难(喂她药),这也是为什么我们带她来这里驱虫。” 罗宾:“ 这样啊,请不要担心-如果我们最终决定采用这种治疗方案,喂药方法方面我会帮您”。 坎丁斯基夫人:“哦,我不确定我们是否能成功-还有其他选择吗?” 罗宾:“最快的治疗方法是手术切除甲状腺增大的部分,但是她可能仍然需要吃一段时间药。” 坎丁斯基夫人:“这么看来我想我们必须得练习喂药了。” 罗宾:“我们的确还有另外一个方案,但是它也更昂贵,而且如果采用这种方案将意味着弗洛伦兹将不得不住院一段时间。她会接受放射碘治疗,以消除增大的甲状腺。” 坎丁斯基夫人:“哦,我不确定我们可以承担这项治疗的费用-由于她年龄大了,我们无法为她继续参加保险-而且她也讨厌离家-我担心到时她会想家会不吃东西。” 罗宾:“您看,现在我们还不需要做任何决定-您有很多需要考虑,我知道您想尽可能为弗洛伦兹做最好的选择。” 坎丁斯基夫人:“是的,她对我来说非常重要。” 罗宾:“那是一定的。”

结束问诊

版本一
罗宾:“首先我们来确诊她的病情,然后我们再继续聊-您可以为我签一下主人同意书吗?今天上午我们会把她带进去做检查。下午的时候给我来个电话。” 坎丁斯基夫人:“好的,法拉先生-您会照顾她的,对不对?” 罗宾:“当然,我们一定会的。再见,坎丁斯基夫人。”
分析
罗宾在最后拿出了主人同意书,关于为何要签署它没有任何解释,而且他也没有确认坎丁斯基夫人完全清楚他所说的一切。她被要求下午打电话回来,但是并不知道打电话的具体时间或者该找谁接听电话。对下一步将发生什么并没有一个真正的计划。 结束问诊的一个有效方法是给出一个最终总结,然后询问主人是否还有其他问题。然后对于接下来要发生的事情你应当制定一个明确的计划,并且阐明主人在治疗方案中的角色。

续表

我们该如何帮助主人记得我们讨论过什么？ 除了重复、小结以及复述信息之外，把信息写下来可能会非常有帮助。许多诊所对于常见疾病与情况都有事先印好的宣传材料、模型或者绘图，对于具体某一个患病动物，可以这些标准模板基础上加上附加信息而实现“个性化”。

让主人复述你告诉他们的信息在所有方法中最有成效[15]，但是要小心组织语言避免让你的话听起来很傲慢。发问“你明白我告诉你的事情了吗？”与“我把一切都解释清楚了吗？”效果非常不同。第一种发问方式很可能会引出一个“明白了”的答案不管主人是否真的完全明白，而第二种发问则很可能会让主人回答：“那个，有一个问题我没有完全理解……”

如果主人需要给你打电话或者回到诊所，应给出明确的日期与时间确保到时你或者其他人可以接待。如果你需要给主人打电话，上述原则同样适用。

回到配合度的问题，一项兽医研究表明影响主人配合度的最大因素是动物主人角度看到的兽医在问诊时所花费的时间[16]。

一篇兽医文献综述指出，与主人配合度相关的主要因素有[17]：

- 问诊期间兽医花足够的时间与动物主人相处
- 两方交流
- 信任
- 有同情心的团队
- 共同制定计划
- 关于用药提供语言或文字指导
- 不断地肯定与鼓励

记住以上几点，让我们看看版本二中罗宾如何以最佳状态结束问诊，确保坎丁斯基夫人满意，并且和她与弗洛伦兹道别。

版本二

罗宾：“您看，现在我们还不需要做任何决定-您有很多事情需要考虑，我知道您想尽可能为弗洛伦兹做最好的选择。”

坎丁斯基夫人：“是的，她对我来说非常重要。”

罗宾：“那是一定的。目前我们需要做血液检查以证实我们的推测。我们来看一下血液检查的费用……（罗宾与主人讨论费用）……接下来我们要把她带到外科处置室，在她颈部处的静脉抽血，这份主人同意书是为了征求您的允许以给我们权限。我们会需要在她的颈部周围剃一些毛，但是她并不需要为此接受镇静。现在，您有问题需要问我吗？”

坎丁斯基夫人：“我们什么时候能把她接回去？”

罗宾：“如果您中午给我打电话，找我或者是凯伦，我们的护士长，那时会给您一个具体的答复。由于她不喜欢离开家，我们会尽快把她还给您。检查结果明天下午可以拿到。到时候我们再接着今天的话题讨论。您一会离开的时候请预约明天下午的门诊。”

坎丁斯基夫人：“我签好了法拉先生。请您照顾她。”

罗宾：“我们一定会的。来吧弗洛伦兹-你要和我们在一起呆一会儿了。再见坎丁斯基夫人，回头再聊！”

审稿：施振声　中国农业大学

参考文献

[1] Liz Mossop, Carol Gray (2008) . Teaching communication skills. In Practice, 30, 340-343.

[2] Gray CA, Blaxter AC, Johnston PA, Latham CE, May S, Phillips CA, Turnbull N, Yamagishi B (2006) . Communication education in veterinary education in the United Kingdom and Ireland: the NUVACS project coupled to progressive individual school endeavors. Journal of Veterinary Medical Education , 33 (1), 85-92.

[3] The Consultation Process. Part of the Veterinary Defence Society' s Communication Training Programme (2016) .

[4] Pocket Guide to the Veterinary Consultation. Part of the Veterinary Defence Society' s Communication Training Programme (2016) .

[5] Bertakis KD, Helms LJ, Callahan EJ, Azari R, Robbins JA (1995) . The influence of gender on physician practice style. Medical Care, 33 (4), 407-416.

[6] Sbarbaro JA (1990) . The patient-physician relationship: compliance revisited. Annals of Allergy, 64 (4), 325-331.

[7] Kaplan SH, Greenfield S, Ware JE Jr (1989). Assessing the effects of physician-patient interactions on the outcomes of chronic disease. Medical Care, 27 (3 suppl), S110-127.

[8] Marvel MK, Epstein RM, Flowers K, Beckman HB (1999) . Soliciting the patient' s agenda: have we improved? The Journal of the American Medical Association, 281 (3), 283-287.

[9] Langewitz W, Denz M, Keller A, Kiss A, Ruttimann S, Wossmer B (2002) . Spontaneous talking time at start of consultation in outpatient clinic: cohort study. BMJ, 325 (7366) : 682-683.

[10] Maguire GP, Rutter DR (1976) . History-taking for medical students I-Deficiency in performance. Lancet, 2 (7985), 556-558.

[11] Roter DL, Hall JA, Kern DE, Barker LR, Cole KA, Roca RP (1995) . Improving physicians' interview skills and reducing patients' emotional distress. A randomized clinical trial. Archives of Internal Medicine 155 (17), 1877-1884.

[12] Stewart M, Brown JB, Boon H, Galajda J, Meredith L, Sangster M (1999) . Evidence on patient- doctor communication. Cancer Prevention and Control, 3 (1), 25-30.

[13] Hadlow J, Pitts M (1991) . The understanding of common health terms by doctors, nurses and patients. Social Science and Medicine, 32 (2), 193-196.

[14] Korsch BM, Gozzi EK, Francis V (1968) . Gaps in doctor-patient communication. 1. Doctor-patient interaction and patient satisfaction. Pediatrics, 42 (5), 855-871.

[15] Bertakis KD (1977) . The communication of information from physician to patient: a method for increasing patient retention and satisfaction. The Journal of Family Practice, 5 (2), 217-222.

[16] Grave K, Tanem H (1999) . Compliance with short term oral antibacterial drug treatment in dogs. Journal Small Animal Practice, 40, 158-162.

[17] Shaw JR, Adams CL, Bonnett BN (2004) . What can veterinarians learn from studies of physician-patient communication about veterinarian-client-patient communication? Journal of the American Veterinary Medical Association, 224 (5), 676-684.

[18] DiMatteo MR, Hays RD, Prince LM (1986) . Relationship of physicians' nonverbal communication skill to patient satisfaction, appointment noncompliance, and physician workload. Journal of Health Psychology, 5 (6), 581-594.

[19] Levinson W, Roter DL, Mullooly JP, Dull VT, Frankel RM (1997) . Physician-patient communication. The relationship with malpractice claims among primary care physicians and surgeons. Journal of the American Veterinary Medical Association, 277 (7), 553-559.

犬猫皮肤常见肿瘤的细胞学判读（三）：间质细胞瘤

Common Skin Tumor Cytology in Canine and Feline Patients——Mesenchymal Cell Tumors

佘源武* 陈 瑜
广州百思动物医院，510240

摘要：在皮肤肿瘤的诊断中，细胞学是一项非常有用的检查。根据肿瘤的细胞学形态特征，皮肤常见的肿瘤可分为4个类别，包括圆形细胞瘤、间质细胞瘤、上皮细胞瘤以及裸核细胞瘤。常见的间质细胞肿瘤包括脂肪瘤/脂肪肉瘤，血管瘤/血管肉瘤，黑色素瘤，软组织间质瘤。本文对常见间质细胞瘤的细胞学特征进行介绍。

关键词：犬猫，细胞学，皮肤肿瘤，细胞间质瘤

Abstract: Cytology is a very useful tool in the diagnose of skin tumors. Based on the characteristics of the cells, skin tumors can be classified into four categories, including round cell tumors, mecesenchymal cell tumors, epithelial cell tumors and naked nuclei cell tumors. Further, mesenchyma cell tumors can be subdivided into lipoma / liposarcoma, hemangioma/ hemangiosarcoma, melanoma, soft tissue spindle cell tumor.This paper introduces the cytology of the mesenchymal cell tumors.

Keyword: Canine and feline, cytology, skin tumor, mesenchymal cell tumor.

间质细胞肿瘤（Mesenchymal cell tumors）

间质细胞肿瘤通常起源于结缔组织细胞，例如成纤维细胞，成骨细胞，脂肪细胞，肌细胞和血管内皮细胞。对正常的结缔组织进行细针抽吸时，采集到的细胞数量通常较少。有时候对病灶进行穿刺采样时，会采集到周围肌肉组织中成熟的肌肉碎片。间质肿瘤细胞排列松散，细胞主要呈纺锤形，椭圆形或星形；细胞质往一个方向或多个方向逐渐变细。细胞质与玻片背景混合到一起，导致无法区分细胞的边界。许多间质细胞肿瘤含有丰富的细胞外基质。良性的间质肿瘤脱落细胞较少，而在恶性的间质肿瘤里，可能取到大量的细胞群落以及细胞外基质（图1）。对间质起源肿瘤的明确诊断，通常需要组织病理学检查和免疫组织化学检查。常见的间质类型肿瘤包括脂肪瘤/脂肪肉瘤，血管瘤/血管肉瘤/，黑色素瘤和软组织肿瘤。

作者简介
佘源武 广州百思动物医院，邮箱：308628693@qq.com。
Author: Yuanwu She，308628693@qq.com，Guangzhou Blessing Veterinary Hospital.

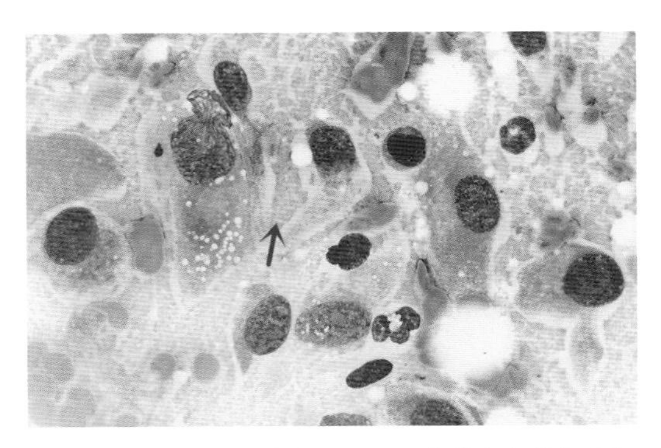

图1 犬皮下肿物细针抽吸。可见离散存在的间质细胞，主要为纺锤形至不规则形。细胞外存在粉红色的嗜酸性基质（箭头所指）。组织病理学诊断为软组织肉瘤I级（Diff-Quik染色，放大倍数1000倍）

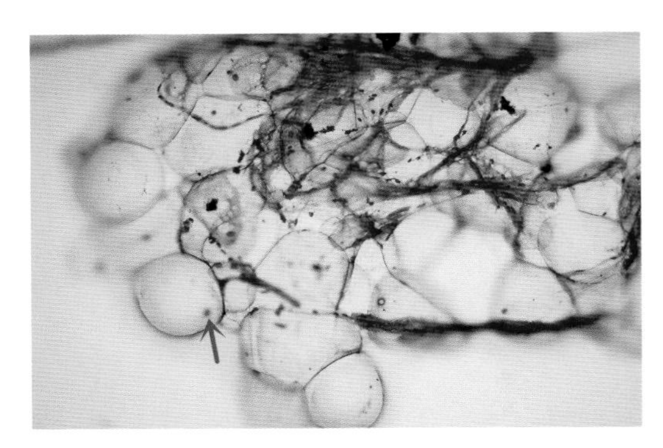

图2 犬皮下肿物细针抽吸。可见细胞成团存在，细胞主要为圆形至椭圆形，小而圆的细胞核位于细胞一侧（红色箭头所指），细胞质丰富，呈现不着染的形态。组织病理学诊断为脂肪瘤（Diff-Quik染色，放大倍数400倍）

1 脂肪瘤/脂肪肉瘤（Lipoma / Liposarcoma）

脂肪瘤是犬皮下组织常见的良性肿瘤，约占所有皮肤肿瘤的8%[1]；而在猫中更为少见。脂肪瘤常发生于胸部、腹部、大腿和四肢的近端，可单个或多个出现，很少发生破溃或者溃疡。通常表现为边界清晰的突起，主要位于皮下组织，质地柔软。对脂肪瘤细针抽吸后进行抹片，玻片上的样本通常难以干燥，呈脂滴状。由于大部分的罗曼诺夫斯基以及改良的染色液均使用乙醇作为固定液，因此大部分的脂肪在染色的过程中，可能被溶解或者冲刷掉，仅剩少量的脂肪细胞附着于玻片上。使用水溶性的染液或者脂肪油红O染色可以使脂肪细胞更好着染。抽吸可见不同数量的脂肪细胞，单个存在或者成簇存在。细胞主要为圆形，椭圆形至纺锤形，通常含有较小的圆形细胞核，位于细胞的中央或者边缘；细胞质丰富，轻度嗜碱性着染至不着染（图2）。脂肪瘤中的脂肪细胞与正常组织的脂肪细胞难以区分，因此在采样的时候应该小心，不要误采了病灶周围的脂肪组织。

脂肪肉瘤在犬猫中罕见[2]，在皮肤肿瘤中所占比例少于0.5%。经常发生于腹部腹侧，胸部以及四肢近端。脂肪肉瘤通常表现为边界不清，质地坚实的皮下肿物，附着于下方的组织，表现与其他的软组织肉瘤相类似。这些肿瘤具有中度转移的潜能。对脂肪肉瘤进行抽吸，通常能够采集到中等数量至大量的细胞，细胞通常单个存在，或者成簇围绕在脂肪物质周围，经常含有较大的圆形细胞核，以及不同数量的淡染细胞质（图3）。细胞质内可能含有数量不等，大小不一的空泡。有时可见有丝分裂象和多核细胞。

2 血管瘤/血管肉瘤（Hemangioma/ Hemangiosarcoma）

血管瘤是起源于血管的良性肿瘤，在犬中常见，约占所有皮肤肿瘤的5%，而在猫中不常见。血管瘤主要表现为单个或多个结节，主要发生于头部，躯干和四肢，外观可能是深红色或紫色，触诊感觉柔软。对血管瘤进行抽吸可能会采集到大量血液，罕见嗜碱性的内皮细胞。经常可见急性或者慢性出血的迹象，可见噬红细胞现象或含铁血黄素沉积的巨噬细胞。

血管肉瘤是起源于血管的恶性肿瘤，在犬猫中均不常见。血管肉瘤在犬中常发生于皮肤较薄的区域，例如腹部的腹侧；在猫中常发生于耳廓。皮肤上的血管肉瘤也可以是由其他部位的肿瘤转移而来的。通常表现为边界不清的突起，可能出血和出现溃疡。对分化良好的血管肉瘤进行细针抽吸，采集到细胞数量可能较少，并且含有大量的血液细胞。对于实质性，低分化的血管肉瘤进行细针抽吸，可能抽吸到大量间质细胞，表现出明显恶性的细胞学特征。细胞体积较大，主要为纺锤形，星形至上皮细胞样表现。细胞边界不清晰，细胞质呈嗜碱性着染，细胞质内经常含有点状不着染的空泡。细胞核为圆形，染色质粗糙，可能含有多个明显的核仁（图4）。在血管肉瘤的样本中也可见急性，慢性出血的迹象，偶见髓外造血。

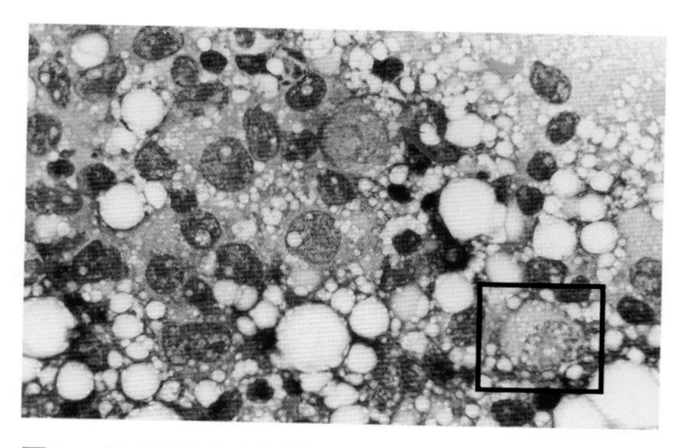

图3 犬皮下肿物细针抽吸。可见大量有核细胞围绕在脂肪空泡周围，细胞主要为圆形（黑色方框所指）至不规则形，细胞质呈轻度嗜碱性着染，含有大小不等的空泡（箭头所指）。组织病理学诊断为脂肪肉瘤（Diff-Quik染色，放大倍数1 000倍）

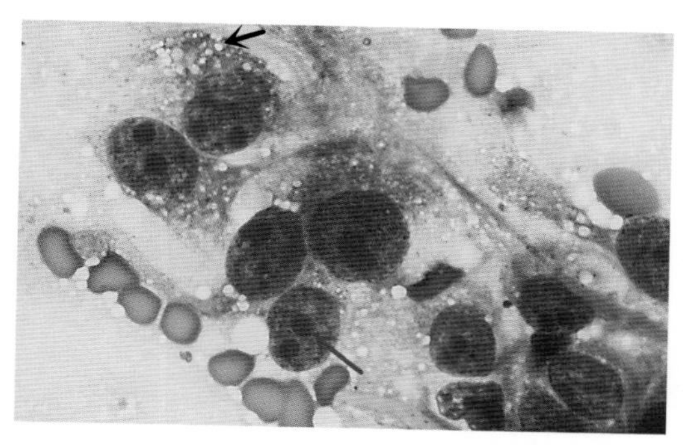

图4 犬皮肤肿物细针抽吸。可见间质细胞离散存在，细胞主要为梭形至不规则形，细胞核内可见明显的核仁（红色箭头所指），细胞质内含有空泡（黑色箭头所指）。组织病理学诊断为血管肉瘤（Diff-Quik染色，放大倍数1 000倍）

3 黑色素瘤（Melanoma）

黑色素瘤是犬猫常见的皮肤肿瘤，分别占5%和3%左右。常见于老年动物中，主要发生于头部，颈部，躯干和爪部。病变部位的皮肤可能出现黑色的色素沉着。大约有70%的黑色素瘤为良性的，表现为深棕色至黑色的突起，肿物边界清晰，表面脱毛。细胞学上，黑色素瘤的细胞表现多变，可以表现为上皮样堆积的细胞，梭形的细胞，甚至有时可见离散的圆形细胞。在分化良好的肿瘤中，细胞质内可见大量黑绿色的细微颗粒（图5）。如果颗粒较多，可能会完全覆盖住整个细胞核。良性黑色素瘤的细胞中，细胞核大小均一，异形性较小，而在恶性的黑色素瘤细胞中，细胞和细胞核表现出明显的大小不等，染色质粗糙，核仁明显，经常可见有丝分裂相。分化不良的肿瘤细胞内颗粒较少，表现出更明显的恶性特征。

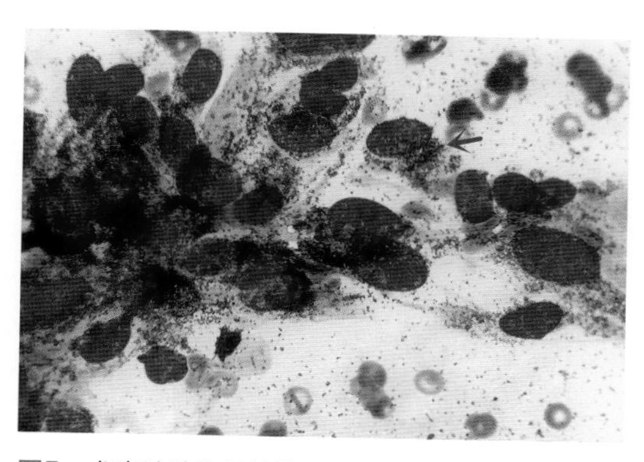

图5 犬皮肤肿物细针抽吸。可见大量间质细胞成团存在，细胞核为圆形至椭圆形，细胞质内含有深绿色至黑色的颗粒（箭所指头）。组织病理学诊断为黑色素瘤（Diff-Quik染色，放大倍数1 000倍）

4 软组织间质肿瘤（Soft Tissue Spindle Cell Tumor）

软组织间质肿瘤包括几种常见类型的肉瘤，根据不同的源祖细胞进行命名。这些肿瘤的细胞学特征，很难进行区分，即使进行组织病理学，有时也比较清楚地判断肿瘤细胞起源。因此在细胞学上，最好将这些肿瘤归类到软组织间质肿瘤中，特别是在犬中。这些肿瘤主要包括纤维瘤/纤维肉瘤，粘液瘤/粘液肉瘤，血管外皮细胞瘤，外周神经鞘瘤。这些肿瘤有着类似的肿瘤学行为，通常含有低度至中等程度的恶性特征，主要造成局部侵袭，在手术切除后容易复发。在猫中，软组织肉瘤通常是纤维肉瘤，在与注射有关的肉瘤中，表现出更加严重的侵袭性和转移潜能。大部分肿瘤起源于皮下组织，能发生于身上的多个部位。对这些肿瘤进行抽吸，通常能获得不同数量的细胞。对于良性的病灶例如纤维瘤，粘液瘤等，或者恶性程度较低的肿瘤（图6），细胞脱落可能较少。细胞通常单个存在，也可以成簇，松散排列。细胞核较大，通常位于细胞一侧。某些细胞核内可见明显核仁。对于分级较高的恶性软组织间质肿瘤（软组织肉瘤），细胞脱落会更多，并且表现出更加明显的恶性特征（图7），包括细胞和细胞核明显的大小不等，核仁明显，以及明显的有丝分裂相。

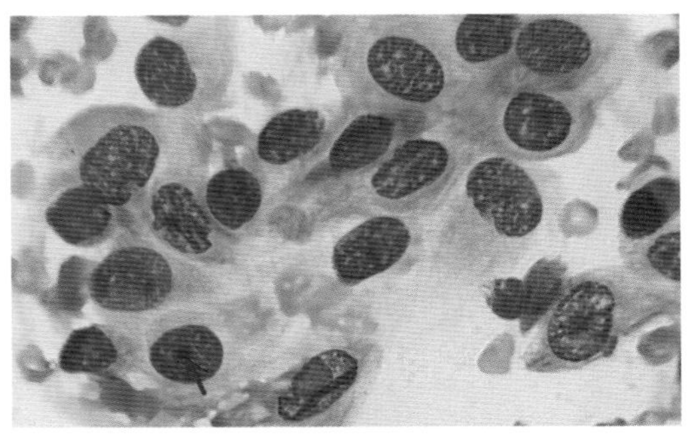

图6　犬皮下肿物细针抽吸。可见成团存在的细胞群落。细胞边界不清晰，主要为不规则形，细胞核为椭圆形，含有单个圆形明显的核仁（箭头所指）。组织病理学诊断为软组织肉瘤I级（Diff-Quik染色，放大倍数1 000倍）

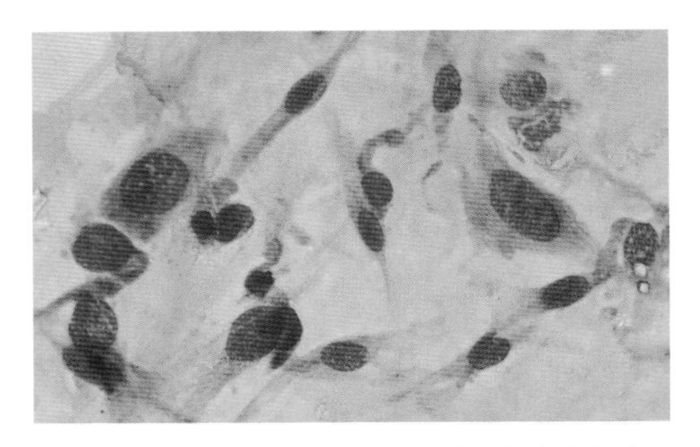

图7　犬皮下肿物细针抽吸。可见离散存在的细胞，主要为纺锤形至不规则形。细胞和细胞核表现出明显的大小不等。组织病理学诊断为软组织肉瘤II级（Diff-Quik染色，放大倍数1 000倍）

审稿：董军　中国农业大学

参考文献

[1] Rose E.Raskin. Canine And Feline Cytology:A Color Atilas And Interpretation Guide（3th, edition）[M].Elsevier Inc，2016:69-75.

[2] Amy C.Valenciano.Cowell And Tyler’s Diagnositic Cytology And Hematology Of The Dog And Cat（4th edition）[M].Elsevier Inc，2014:103-106.

诊断小测试2——病理学诊断

表1　某犬4d前被蛇咬后产生并发症后住院，下表为该犬连续7d的详细血液学和血清生化的数据（第5天到第11天）

指标	天数							参考范围
	5	6	7	8	9	10	11	
白细胞计数（× 10^3个/μL）	34.64	34.3	21	23.6	36.5	22.9	–	8.0 ~ 14.5
红细胞计数（× 10^6个/μL）	3.41	3.41	3.1	2.45	2.17	2.45	–	5.4 ~ 8.4
红细胞压积（%）	24	13	21.5	16.7	4.2	16.7	–	35 ~ 54
网织红细胞计数（个/μL）	65.5	103	71.4	132	250.1	132	–	<80
中性粒细胞计数（× 10^3个/μL）	39.3	28.8	19.3	18.3	32.1	18.3	–	3.0 ~ 11.5
单核细胞计数（× 10^3个/μL）	4.96	3.9	1.5	3.2	2.9	3.2	–	0.1 ~ 1.4
血小板计数（× 10^3个/μL）	186	186	69	83	124	123	–	220 ~ 600
碱性磷酸酶（U/L）	145	302	426	564	472	631	709	0 ~ 100
丙氨酸氨基转移酶（U/L）	107	107	90	94	103	95	94	0 ~ 60
总胆红素（mg/dl）	6.3	4.6	7.1	9.2	9.3	16.1	21.7	0 ~ 0.4
尿素氮（mg/dl）	> 140	206	120	67	43	83	130	8 ~ 22
肌酐（mg/dl）	6.5	7.54	4.67	1.6	1.5	3.85	5.83	0.5 ~ 1.7
磷（mg/dl）	> 16.1	15.9	7.1	4.3	WRI	3.3	5.1	3.4 ~ 6.3
钠（mmol/dl）	123	128	136	142	143	142	143	140 ~ 153
钾（mmol/dl）	6	6.3	4.8	4.3	WRI	4.2	4.3	3.8 ~ 5.5
氯（mmol/dl）	91	97	WRI	WRI	WRI	110	110	107 ~ 115
肌酸激酶（U/L）	–	19，025	13，682	72，036	> 2，036	3，309	2，448	0 ~ 200

注：– 代表没有测定相应指标数值，WRI 指在参考数值之内，确切数值不详。

病史

4岁的雄性未绝育格里芬犬，体重32kg（70.4磅），被毒蛇咬伤鼻口4天后产生并发症，被紧急转送到路易斯安那州大学的动物教学医院。被咬后初始，医生开具的处方为5ml的地塞米松和5mL的青霉素（就诊当日），并没有要求住院。医生叮嘱，在家时使用阿莫西林（500mg/片，间隔12h口服）。2d过后，主人发现犬有严重肿胀、疼痛表现，并有厌食和呕吐的症状（就诊第2天）。再次检查后，该犬从第3天开始使用卡洛芬（50mg/片，间隔12h口服）。第5天，犬因为厌食、呕吐、黄疸和明显的皮下肿胀再次就诊，主诉犬至少24h未排尿。最初的临床病理学结果表明该犬有显著的中性粒细胞增多症、严重的氮血症、低钾血症、高钠血症和低氯血症。犬在静脉输液2L后被转至动物教学医院。

临床症状和临床病理学检查

转诊后（就诊第5天），医生检查所见，该犬安静、警觉、对外界有反应。肛温为37℃（98.6℉），体温低，心率和呼吸频率在正常参考值之内；口腔黏膜、皮肤和巩膜黄染，并且估计脱水程度为10%。该犬鼻口严重肿胀并有红斑，有一个接近左侧鼻孔的穿刺性伤口。口腔内多处溃疡，四肢、阴经包皮、胸部和颈部与腹部的连接处有严重的凹陷性水肿，胸部和阴茎包皮处的皮肤有较密集的脱皮引起的红斑。

请依据上述情况进行鉴别诊断和推测

——答案见101页

中药方剂“CrystaClair”治疗犬猫泌尿系结石疗效研究

Canine and Feline Uroliths Treatment with Chinese Herbal Supplement “CrystaClair”

闻久家*
美国汉普顿动物医院，纽约长岛，11972

背景资料：犬猫泌尿系结石是临床常见病，但目前仍没有有效的药物溶解结石的治疗方法，临床上用中药方剂进行溶结石治疗的不对试验未见报道。如果能够用中药进行溶石治疗，可以给临床医生和宠物提供一个可以选择的方案，特别是对那些有麻醉风险的患病动物来说 可以做为备选治疗方案。

研究目的：本试验的目的就是为了验证中药处方“CrystaClair”对不同性质的泌尿系结石的溶解效果。

受试动物：本试验总共46个临床病例，其中13例为猫，33例为犬。犬的病例中22例雌性，11例为雄性。犬年龄从1岁到13 岁。13例猫的病例中，9例为雌性，4例为雄性。猫的年龄从6月龄到11岁不等。

试验方法：临床治疗试验。所有病例都给与中药方剂“CrystaClair”治疗，不用其他药物。有几个病例在开始中药治疗前接受过预防结石处方粮，其他的没有用过。所有受试动物在治疗前和开始治疗后一年内都进行了X线拍片，以确认药物治疗的效果。

试验结果：出现结石溶解的病例在46例中有26例（56.5%）。这26例中有2例在用药前曾经接受过取出结石手术（即复发病例），这2例在术后对结石成份进行的分析表明，均为草酸钙结石。在本院对这两例结石的化验结果也是草酸钙。在本试验的其他病例中，8例属于草酸钙结石，5例属于鸟粪石，1例属于胱氨酸结石。还有32例结石未做成分分析。做过结石成份分析的或者是由于在治疗过程中排尿排除了结石，或是该病例对药物治疗效果不明显而采取了手术的方法，术后进行的化验分析。在本试验中共有20例（43.5%）结石没有完全溶解。

在本试验的46例中，有30例在加入本试验前有过改变食物的情况，16例没有改变。这些改变食物的病例是在没有临床效果的情况下转来接受中药治疗的。在本试验中，

通讯作者
闻久家 美国汉普顿动物医院，邮箱wenvet@optonline，net。
Corresponding author: Jiujia Wen，wenvet@optonline.net，Hampton animal hospital.

中药溶解结石的效果与改变过食物与否没有明显关系（*P*>0.5563）。

结论及临床意义：中药处方“CrystaClair”对溶解结石有效，这一结果为犬猫泌尿系结石的治疗提供了手术和食物疗法以外的选项。

关键词：CrystaClair，泌尿系结石，鸟粪石，草酸钙结石，中药疗法

Background: Uroliths are common in dogs and cats, however, effective medical protocols for dissolution of these stones are lacking. Herbal supplements have not been fully evaluated for the ability to dissolve uroliths in evidenced base studies. Efficacious medical therapy protocols would expand the treatment options veterinarians could offer clients and offer alternatives for patients for which surgical procedures may be risky.

Objective: This study was designed to investigate the efficacy of an herbal supplement called CrystaClair for dissolution of uroliths of varying composition.

Animals: 46 animals consisting of 13 cats and 33 dogs were enrolled. There were 22 female dogs and 11 male dogs in this study. Affected dogs ranged from 1 to 13 years. Nine of the cats were female and 4 were male. Cats ranged in age from 6 months to 11 years at time of presentation.

Methods: clinical study. All patients were put on the herbal supplement, CrystaClair without any other drugs. Some patients had received diet change prior to starting this trial, others had not. All patients had pretreatment radiographs and were followed by radiographs to evaluate the efficacy of the CrystaClair up to a year.

Results: Urolith stones dissolved in 26 of 46 patients (56.5%). Two of 26 cases had had previous surgery to remove stones which were analyzed and determined to be calcium oxalate. Current urinalyses in these patients revealed calcium oxalate crystals. In this study, eight uroliths were determined to be calcium oxalate, five uroliths were determined to be struvites, and one was determined to be cystine. In 32 animals, the composition was not determined. The urolith composition was obtained if the urolith passed spontaneously or by surgical means if necessary in patients that did not respond to the herbal supplement. Twenty patients (43.5%) did not have complete dissolution of the uroliths.

Of the 46 patients, 30 cases had diet change prior to this investigatory trial and 16 cases did not have any attempt at dietary manipulation prior to starting herbal therapy. Therefore the majority of the patients in our study participated because dietary changes had not been efficacious for the animal. In this study, there was not any significant difference in the dissolution of uroliths between animals with diet changes and animals without dietary manipulation (P>0.5563).

Conclusions and clinical importance: CrystaClair is effective in dissolution of uroliths and it provides an alternative to surgery and diet change.

Keywords: CrystaClair, urolith, struvite, calcium oxalate, stone, herbal supplement.

1 引言

结石是犬猫泌尿系统常见病。根据北美兽医学院教学医院病例统计（1980—1993年），在总的病例数中，泌尿系结石占0.53%。犬猫

最常见的结石种类包括磷酸铵镁结石（鸟粪石）草酸钙结石，尿酸结石，磷酸钙结石，基质结石，混合成分结石及胱氨酸结石。此外，硅酸盐结石仅见于犬。本试验中最常见的是鸟粪石和草酸钙。

鸟粪石（磷酸铵镁）石是犬猫最常见的泌尿系结石，尿路感染产尿素细菌是形成鸟粪石的主要原因。

草酸钙结石的发病率与鸟粪石的发病率有相反的关系，近年研究表明，鸟粪石结石的发病率在下降，而草酸钙结石的发病率在上升。

患有泌尿系结石的动物的诊断方法包括尿液沉渣检查结晶的有无，X线拍片直接观察结石以及对溶结石效果进行检测。生化检查可以辅助检查肾脏机能，还可以评价诱发因素的有无，比如高钙血症。X线片不显像的结石可以考虑用B超检查。理想的方法是对结石成分进行分析，这样有助于进行确切的治疗。

常用泌尿系结石的治疗方法包括，手术，液体冲击疗法，激光疗法，内窥镜以及药物溶解法（食物疗法，药物疗法，如乙酰氧肟酸，别嘌醇，柠檬酸钾等），冲击波碎石术等，但是这些疗法在小动物临床上的应用很有限。

本试验的目的是通过临床病例评价中药方剂CrystaClair对犬猫泌尿系结石的溶解（治疗）效果。CrystaClair是作者根据中药理论开发的治疗泌尿系结石的处方。

2 材料及方法

2.1 受试动物

所有受试犬猫均为作者本人医院的病例，或者是别的医生推荐过来的病例。时间从2001年到2009年。每个病例的具体数据见表1.患病动物在被诊断为结石时的平均年龄为7岁，其中雌性31例，雄性15例。

中药方剂CrystaClair作者开发的成药，由Nature Solutions公司经销。方剂的成分见表2。

2.2 试验设计及病例随访

所有犬猫病例均在确诊后马上开始应用CrystaClair，剂量为0.5g每7.5kg（15磅）体重，每日2次。

检测溶解结石的效果方案：在试验开始时和之后的1、3、6及12个月时拍X线片来评价结石的大小和数量。用药后的临床症状包括血尿，尿频，排尿困难，呕吐，拉稀及食欲废绝等也在观察之列。定期进行尿液化验以监测结晶，血尿及蛋白尿等。

2.3 中医辩证理论

传统中兽医学理论对排尿困难定义为淋症，归类成6种情况：气淋，血淋，热淋，砂石淋，劳淋和膏淋。泌尿系结石应该归类为砂石淋。

中医病因理论：湿热聚于下焦导致膀胱之气机不畅，结而成石。

中医辩证：砂石淋主要影响的器官有肾和膀胱。

中药治疗砂石淋机理：清热祛湿，排石解淋。

2.4 统计分析

对于接受中药治疗的病例中，之前曾经换过犬粮和没换过的进行统计学分析，用卡方检验SAS（SAS 9.2;Cary 研究所，NC）. $P<0.05$作为差异显著。这样分析的原理是排除食物对溶结石的影响。

3 结果

在本试验中，未有受试动物在中途退出试验，未见中药方剂CrystaClair引起的副作用，包括呕吐、拉稀、厌食及肾脏肝脏疾病等。

结石成分：32例结石成分不明，5例鸟粪石，8例草酸钙，1例胱氨酸结石。

绝大多数受试动物在用CrystaClair治疗期间未见泌尿系结石引起的临床症状。

在46例中，有26例（56.5%）在治疗后发生了结石溶解消除，20例（43.5%）未见明显溶解。

在8例草酸钙结石病例中，有2例膀胱结石发生了彻底溶解。

溶解的时间发生在用药后3周到1年。大多数溶解发生在用药开始后的三个月以内，而草酸钙结石需要更长时间（其中一例用4个月，龄一例用了一年时间）。由于本试验病例数有限，具体溶结石需要的却切时间还有待进一步研究（表1）。

在46例中，30例曾经更改食物（65%）。在20例对治疗药物没有明显反应的病例中，有14例曾经更换过食物，占70%。而在对药物有疗效的26例中，有16（62%）例换过食物。见表3，在所有溶结石的病例中，食物改变与否没有明显差异（P=0.5503）。在改变食物和没有改变食物的病例中有效和无效的比例是一样的。这一结果表明食物的改变与否不影响中药的治疗效果。因为有65%的病例之前做过食物改变，也没有导致更高的有效率，这个结果是在预料之中的。因此，在本试验中，所有发生了结石溶解的都是因为中药CrystaClair治疗的结果，而不是由于食物改变。

在试验中有8只猫患有鸟粪石。其中的7只结石完全溶解（87.5%），1只没有。在这7只发生溶解的猫中，5只没换过食物（71%）。

下面2个病例表明中药方剂的溶结石作用

病例 1: 治疗前

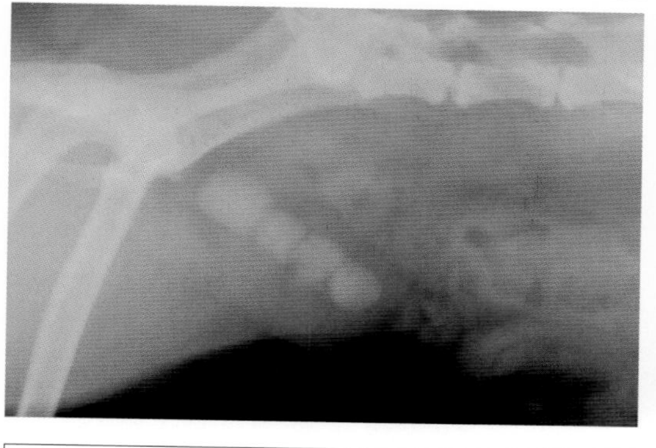

病例1: 治疗3 周后

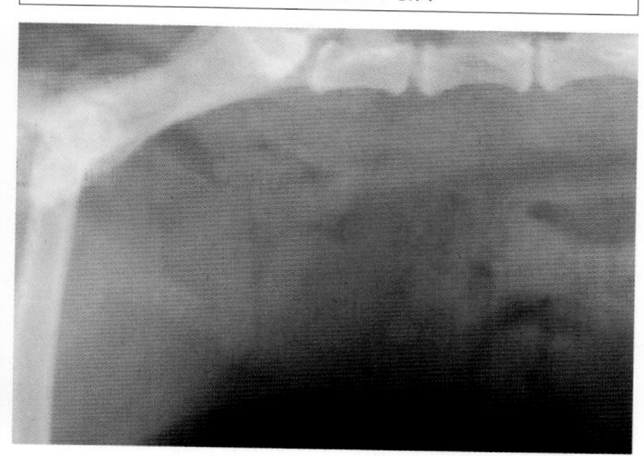

病例 1: 用药前

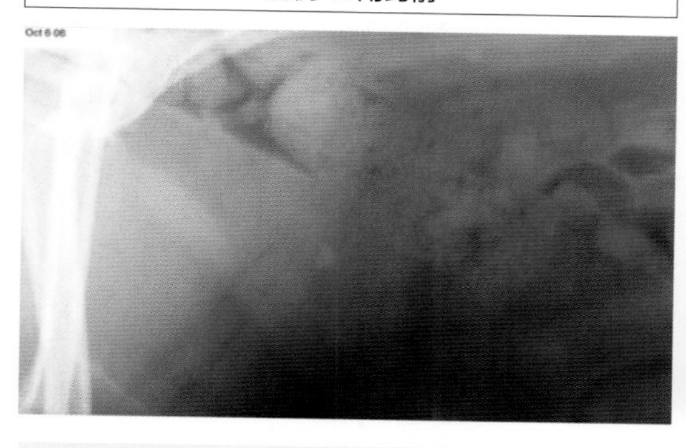

病例 1: 用药4 个月后

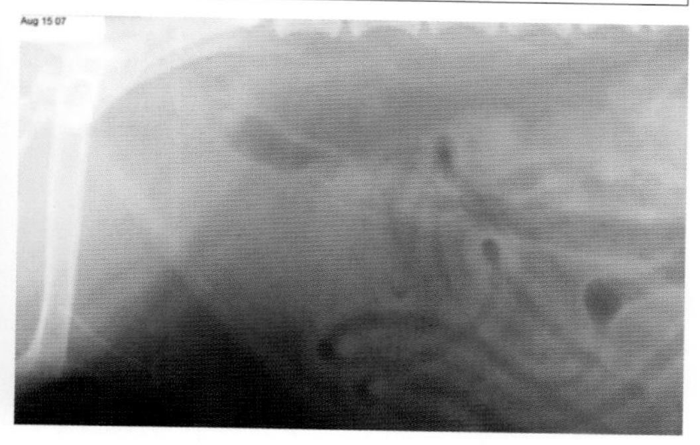

病例1：4岁雌性未绝育法国比熊犬，在被列入本试验之前3个月被诊断为膀胱结石。当时开始换成s/d和c/d处方粮，而且断续使用了抗生素。在2007年11月26日拍片显示有膀胱结石。当天开始应用中药处方CrystaClair，3周后排片显示，所有结石均被溶解。

病例 2: 治疗前

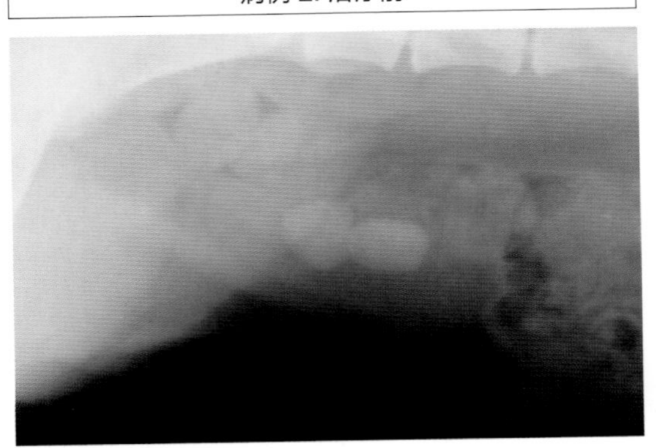

病例 2: 治疗3 周后

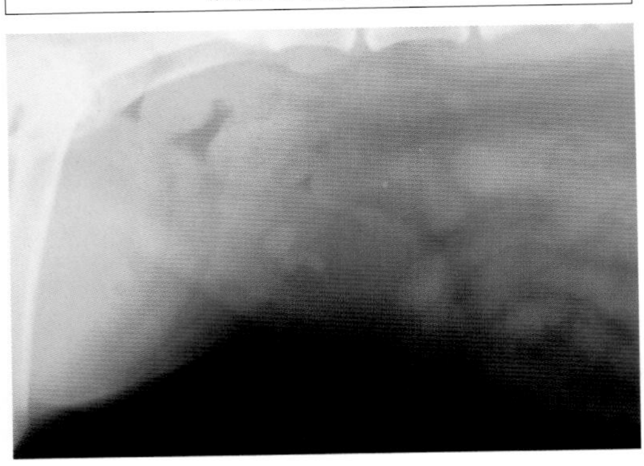

病例 2: 治疗6 周后

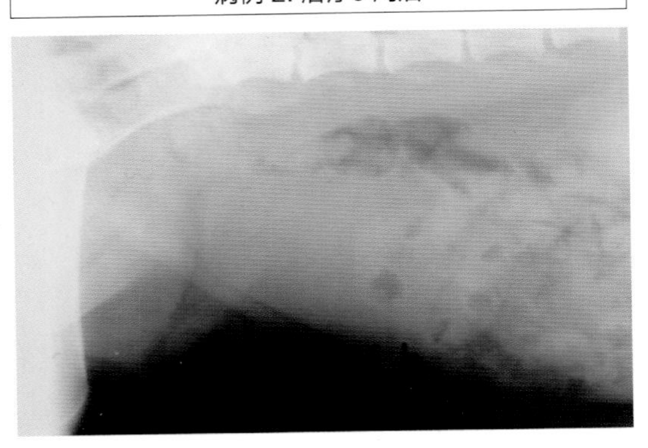

病例2：7岁半雌性未绝育法国比熊患有膀胱结石及慢性尿道感染。在来本院前用过抗生素和处方粮c/d几个月。2008年9月24日来本院，拍片显示膀胱有2～3个大的结石，当天开始用中药CrystaClair治疗。3周后，结石大小及数量明显变小。到6周后，结石已完全消失。

本试验结果表明，草酸钙结石比其他种类的溶解需要更长时间。见如下2个病例：

病例 1: 用药前

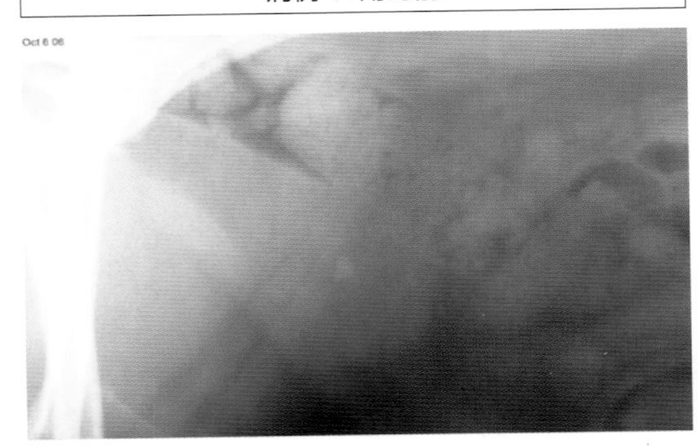

病例 1: 用药4 个月后

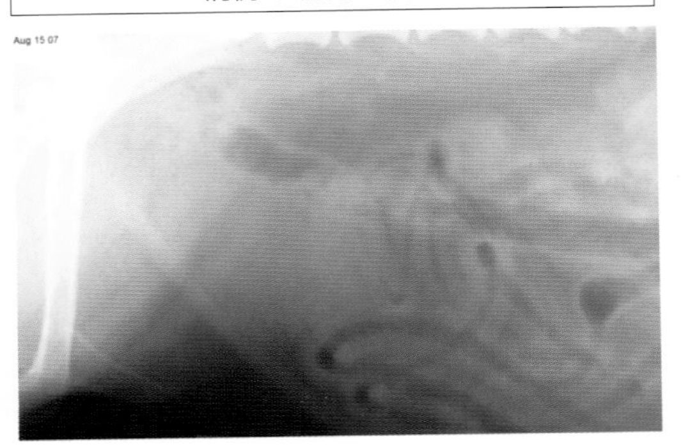

病例1：草酸钙结石。3岁雄性绝育挪威梗犬，在2004年发生结石。之后手术取出结石。化验结果为草酸钙结石。然而术后不久，又发生了更多的结石。这只犬在第一次手术后就开始吃处方粮S/O，于2007年2月27日拍片显示膀胱内有多个结石。2007年4月5日来本院就诊，当天开始用中药处方CrystaClair，用药4个月之后的8月16日拍片显示，结石已经完全溶解。

病例 2: 治疗前

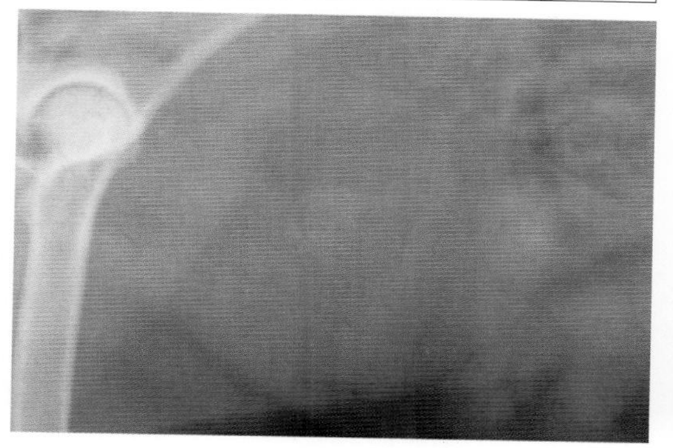

病例2: 治疗4 个月后

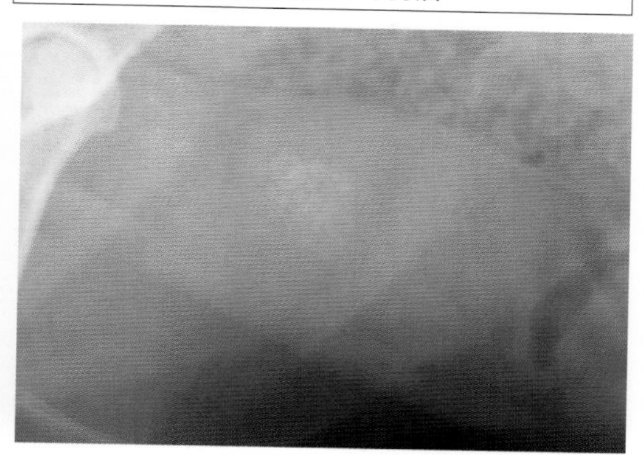

病例 2: 治疗1年后

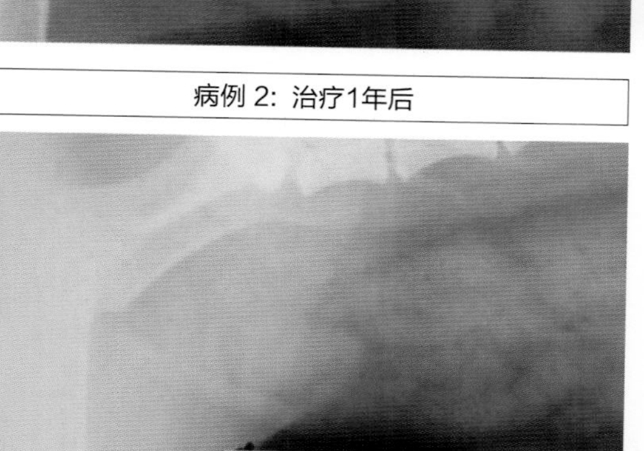

病例2：草酸钙结石。15岁半雄性绝育法国比熊犬患慢性旁观草酸钙结石。在过去的2年终该犬接受过3次手术。在第3次手术后患犬表现出尿道感染症状。转院来本院治疗。初诊与拍片显示膀胱内有多个结石。2004年10月7日开始用中药处方CrystaClair。用药4个月后，结石的数量和大小明显减小，1年后，结石完全消失。

本事研表明中药处方CrystaClair对泌尿系鸟粪石和草酸钙结石有效而且安全。为犬猫泌尿系结石的治疗提供了可选治疗方案，特别是对那些结石成分不清楚的病例。

讨论

目前为止研究犬猫泌尿系结石药物治疗的报道很少，药物治疗对不同结石成分的影响也不多，中药治疗的报道几乎没有。作者只见到过一篇关于食物疗法的文章。在本试验中39例猫的结石病例，有31例得到治愈，在无效的8例中有5例是非鸟粪石类的结石。本试验还表明，通常遇到的结石病例在不明确结石成分时，药物治疗的盲目性，很难确定用哪种食物才是合适的。

在本试验中的另外一个发现是，有2个病例（用红色*标记的）曾经用过不合适的处方粮，结果药物治疗没有效果。

中药处方CrystaClair可以溶解各种泌尿系结石，特别是对鸟粪石效果好。尽管也有一些草酸钙结石病例得到治愈，但是治愈率还很低。本试验是首次报道药物可以溶解草酸钙结石。

化学药物治疗犬猫泌尿系结石的文献有一些，也能一定程度溶解结石。但是有一定副作用，比如尿道感染，在溶结石的同时，释放出的细菌，尿道阻塞引起的软组织损伤，结石溶解到可以进入尿道时会镶嵌在尿道中等。在本试验中，未见任何阻塞性损伤，慢性尿道炎症等副作用。表明中药方剂CrystaClair是安全的。

结果表明鸟粪石比其他种类的结石溶解的更快更好。

常用泌尿系结石的治疗方法包括，手术，液体冲击疗法，激光疗法，内窥镜以及药物溶解法（食物疗法，药物疗法，如乙酰氧肟酸，别嘌醇，柠檬酸钾等），冲击波碎石术等，但是这些疗法在小动物临床上的应用很有限。

本试验的目的是通过临床病例评价中药方剂CrystaClair对犬猫泌尿系结石的溶解（治疗）效果。

结果的有限性

本试验中很多病例结石的性质不清楚，影响对结果的准确解释。然而，这也是临床实际情况的一种反映，因为临床上用药物疗法时很多病例不做成分分析。

在本试验过程中本院所有结石病例都加入了，包括了那几例曾经用过不当处方粮的病例。这也正好反映了临床诊疗的实际情况，这比实验性包括对照组的试验更实际。不可否认的是本试验对中药方剂CrystaClair对某一个特定病例的疗效的确定是有一定限制的。

结论

口服中药方剂CrystaClair对犬猫鸟粪石和草酸钙结石有溶解的效果。本试验中对胱氨酸结石无效，但是因为只有一例，所以不能下最后结论。中药处方CrystaClair为治疗犬猫泌尿系结石提供了手术和食物疗法以外的一种选项，特别是对那些结石成分不明的结石病例。

翻译：施振声　中国农业大学

（参考文献略，需者可函索）

表1　患病动物数据

治疗时间	食物Δ	治愈时间	结石	结晶	品种	性别	术前	年龄（岁）
10/2/04	SD/CD	10/30/04	N/A	N/A	短毛猫	F/S	0	9
3/23/05	U/D	N/D	草酸钙		约克夏	M/N	1	6
9/23/09	SD/CD	1/27/10	鸟粪石		狮子犬	F/I	0	4
11/26/07	SD/CD	3/17/08	NA	鸟粪石	比熊	F/I	0	3
10/10/05	SD/CD	2/6/06	NA	鸟粪石	金毛	F/S	0	6
9/11/06	SD/CD	10/23/06	NA	鸟粪石	暹罗猫	M/N	0	7
1/17/09	SD/CD	2/26/09	鸟粪石		比熊	F/S	4	9
9/4/08	CD/WD	10/1/08	NA	鸟粪石	比熊	F/S	0	1
7/17/07	SD/CD	9/2/07	NA	鸟粪石	比熊	F/S	0	8
10/15/08	C/D	N/D	鸟粪石磷酸钙		比熊.	F/I	0	5
9/24/08	C/D	11/5/08	NA	鸟粪石	比熊	F/I	0	7

续表

治疗时间	食物Δ	治愈时间	结石	结晶	品种	性别	术前	年龄（岁）
2/14/06	SD/CD	N/D	NA	鸟粪石	迷你贵妇	M/N	0	4
2/28/09	S/O	N/D	NA	草酸钙	比熊	F/S	1	7
10/5/06	K/D	N/D	胱氨酸结石		短毛猫	F/S	2	6
1/28/08	C/D	N/D	NA	鸟粪石	短毛猫	F/S	0	11
1/21/09	C/D	N/D	NA	NA	约克夏	M/N	0	7
8/21/02	SD/CD	1/22/03	NA	鸟粪石	短毛猫	F/S	0	4
6/22/09	No Δ	9/10/09	NA	NA	比熊	F/S	0	13
7/15/04	CD	N/D	NA	鸟粪石	比熊	M/N	0	6
12/18/09	No Δ	3/13/10	NA	草酸钙	巴哥	M/N	0	4
4/5/07	S/O	9/7/07	草酸钙		挪威梗犬	M/N	1	3
12/1/02	No Δ	N/D	草酸钙		DSH	F/S	2	5
11/8/09	SD/CD*	N/D	NA	尿酸盐	松狮	F/I	0	9
6/19/06	C/D	9/17/07	NA	鸟粪石	比熊	F/S	0	7
8/16/06	SD/CD	N/D	NA	鸟粪石	比熊.	F/S	0	10
3/18/07	SD/CD*	N/D	草酸钙		DSH	M/N	0	5
4/8/09	No Δ	N/D	NA	NA	腊肠	F/S	0	7
4/7/07	No Δ	5/5/07	NA	NA	马尔济斯	F/S	0	10
3/16/09	SD/CD	6/29/09	NA	鸟粪石	可卡混血	F/S	0	5
8/9/06	S/O	N/D	草酸钙		迷你雪纳瑞	F/S	2	6
2/13/08	No Δ	1/10/09	NA	NA	DSH	F/S	0	4
8/13/09	R/D	11/1/09	NA	NA	DSH	F/S	0	11
7/30/08	No Δ	12/30/09	NA	NA	DSH	M/N	0	6
12/9/06	No Δ	1/15/07	NA	NA	DSH	F/S	0	NA
9/24/08	No Δ	N/D	NA	U. Acid	DSH	F/S	0	0.5
10/7/04	No Δ	N/D	草酸钙		比熊.	M/N	3	15
12/21//03	No Δ	3/1/04	NA	NA	短毛猫	M/N	0	NA
12/10/05	No Δ	N/D	NA	NA	拉萨犬	M/N	0	13
10/12/05	No Δ	1/6/06	NA	NA	拳师	M/N	0	13
7/9/06	U/D	9/17/06	草酸钙		比熊.	M/N	2	7
7/10/08	No Δ	9/10/08	NA	Cal. Ox	马尔济斯	F/S	0	9
10/10/07	No Δ	N/D	NA	NA	贵妇混血	F/S	1	1
7/1/08	No Δ	11/19/08	NA	NA	马尔济斯	F/S	0	9
12/11/05	RD/CD	2/24/06	鸟粪石		比格	F/S	0	9
8/8/03	U/D	N/D	草酸钙		比熊	M/N	3	7
9/15/01	SD/CD	N/D	鸟粪石		巴吉度	F/S	1	9

注：N/D（未溶解），NA（没有），Cal Ox（草酸钙）

表 2　中药方剂 CrystaClair 的成分和作用

英文名	中文名	作用
Mallow Fruit Seeds	冬葵子	利尿 & 通淋
Vaccaria Seeds	王不留行	活血 & 通经
Plantago Seeds	车前子	利尿 & 祛湿热
Lygodium Spore	海金沙	利尿，通淋 & 排石
Pyrrosia Leaf	石苇	除湿热 & 通淋
Achyranthes Root	牛膝	清下焦湿热
Alisma Rhizome	泽泻	利尿 & 渗湿
Lindera	乌药	行气 & 止痛
Licorice Root	甘草	中和诸药
Lysimachia	金钱草	利尿 & 排石
Amur Cock-tree Bark	黄柏	祛下焦湿热
Eupolyphaga	土鳖虫	散结 & 祛瘀
Lumbricus	地龙	清热 & 利尿
Scorpion	全蝎	散结 & 止痛
Centipede	蜈蚣	散结止痛
Lycium	枸杞子	稳步肾阳

表3　食物改变对溶结石的影响

频率	未改变	改变	总数
结石未溶解	6	14	20
溶解	10	16	26
总数	16	30	46

表 4　统计结果

统计数据	DF（自由度）	值	P–值
卡方检验	1	0.356 8	0.556 3

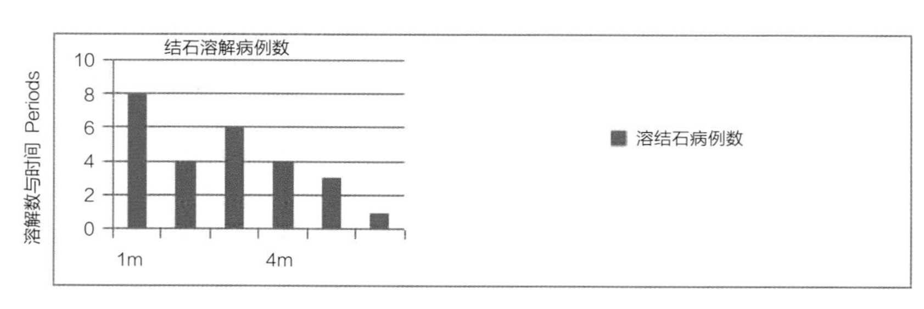

图1　溶结石时间

中药治疗人与犬膀胱炎的临床和实验研究

Human and Canine Cystitis Comparison of Treatment and Experimental Researchment with Traditional Chinese Medicine

郑诗蕾　于　荷　林德贵　张嘉桐　郑　婷　林珈好*
中国农业大学动物医学院，北京海淀，100193

摘要：中药治疗人的膀胱炎积累了许多成功的经验，本文对中药治疗人膀胱炎、犬膀胱炎的临床经验和试验研究进展进行对比和总结，从中药成方加减、中药提取物、中药有效成分等几个方面总结中药治疗膀胱炎的途径和方法，揭示中药治疗膀胱炎的作用机制。通过人、犬膀胱炎的中药临床和实验研究比较，为犬膀胱炎的中药临床治疗提供参考。

关键词：中药，人，犬，膀胱炎

Abstract: Traditional Chinese medicine has had a lot of successful experiences in treating cystitis in human beings. In order to find the mechanism behind the treatment of cystitis, we have compared the clinical experience and the experimental progress between human cystitis and canine cystitis, and summarized the therapeutic methods in several aspects such as prescription and its addition and subtraction, extracts, effective constituent of traditional Chinese medicine. Based on this comparison this comparison, we may provide more hints for clinical treatment of canine cystitis.

Keyword: traditional Chinese medicine, human; canine, cystitis

膀胱炎是一种常见的尿路感染性疾病，大多数是由大肠杆菌感染所致，但具体发病机制目前仍然存在争议，所有可破坏膀胱黏膜正常抗菌能力、改变膀胱壁正常组织结构及适合于细菌滞留、生长和繁殖的一切因素均可诱发膀胱炎的发生。临床上，对于不同类型的膀胱炎治疗进展各有差异。近年来，采用中医治疗膀胱炎的临床病例越来越多，尤其是采用中西医结合疗法，更是取得了较好的临床效果。犬作为人类的伴侣动物，所处生活环境和接触的致病因素与人类极其相近，故犬膀胱炎在兽医临床中也属常发病，且多发于母犬。目前，中药治疗犬膀胱炎相关方面的研究尚处于探索阶段，临床治疗手段仍较单一，而在人膀胱炎治疗领域，中药治疗积累了大量的有效疗法和经验，中药治

通讯作者
林珈好　中国农业大学，从事中兽药新剂型与新技术研究，邮箱:jiahao_lin@cau.edu.cn。
Corresponding author: Jiahao Lin，jiahao_lin@cau.edu.cn，College of Veterinary Medicine, China Agriculture University.
项目资助：中国农业大学本科生科研训练计划（URP）项目“中药排石方和疗肝方的应用探索”。

疗人膀胱炎的研究对犬膀胱炎的中药治疗具有宝贵的借鉴意义。

1 中药治疗人膀胱炎

1.1 成方加减

膀胱炎的类型多样，在临床上，以间质性膀胱炎和腺性膀胱炎最为常见。泌尿系统感染在中医上归属“淋证”、“膀胱湿热”范畴，多由湿热之邪下注膀胱，膀胱气化不利，或热结于下焦，血络受伤，迫血妄行引发。故治疗以清热利湿为主，佐以凉血解毒[1]。例如，腺性膀胱炎，可分为湿热下注型，阴虚湿热型等几个分型[2]。然而临床之复杂远非几个证型能简单概括，临床证候常可以相互交叉，变生出更多的证型。间质性膀胱炎是由于外在毒邪侵袭人体，湿热积聚，气血运行不畅终致脏腑温煦失职，引起尿频、尿急及耻骨上膀胱区疼痛不适的疾病[3]。以膀胱壁出现纤维化为主要症状，有时可见容量减少，女性发病居多[4]。

在临床上治疗膀胱炎多选用中西医结合的方法。选用尿道切除术去除病变组织，再使用中药辅助治疗，是一种行之有效的治疗方案[5]。腺性膀胱炎属中医“淋证”中的热淋、湿热淋、血淋等，多以湿热下注或瘀热蓄于膀胱多见。病机主要为热毒蕴结，痰瘀交阻，膀胱气化不利。故治疗应当清热利湿，解毒散结，活血化瘀[5]。例如，在治疗腺性膀胱炎时，可以采用八症散加减。栀子、夏枯草能清热解毒，大黄能通腑泄热，瞿麦、车前草能使膀胱小腹湿热从大小便多利而出，配银花藤、紫花地丁增强清热解毒之功[6]。临床表明，腺性膀胱炎是癌前病变的前兆[7]，腺癌的发生率较高[8]。因此，提前诊断和治疗具有重要意义。

对于间质性膀胱炎，现代中医治疗多注重于清热解毒、利湿化浊，并佐以活血、补肾、益气等。但由于目前其发病机制，以及临床研究尚不完全清楚，所以并无确切治疗方法。古代中医以叶天士所立的淋五法比较全面。现代治疗中，多数以中西医结合为主。例如，黄新凯采用龙胆泻肝汤治疗湿热性间质性膀胱炎，以龙胆草，柴胡，栀子，黄芩，生地黄，车前子，泽泻，当归，木通，牛膝，甘草等，进行临床试验，对照组予以膀胱灌注，结果治疗组疗效优于对照组[9]。

1.2 中药提取物

膀胱炎的致病机理并不完全明确，运用中药进行治疗时，可选择针对炎症反应，可清热解毒，改善尿频、尿急、疼痛的中药。目前，已发现一些有明确治疗效果的中药提取物，如鱼腥草提取物[10]、川楝子提取物；应用于各药方中的中药提取物，如车前草，木通，黄柏，泽泻，知母，白茅根，金钱草[11]等。此外，还包括败酱草，白芍，甘草，牛膝[12]等一些传统治疗膀胱炎的中药方剂中所包含的中药提取物。

对于膀胱炎的治疗，目前的中药提取物多以抗炎，抗菌，镇痛作用为主，且大多数具有利尿作用，但不同提取物疗效侧重点各异。

1.2.1 抗菌作用

临床中膀胱炎致病菌以大肠杆菌最常见，其次为葡萄球菌、变形杆菌等[84]。所选用的中药也主要是针对以上几种病原菌有良好的抑菌作用。体外法实验研究表明，川楝子的水提物对堇色毛菌、奥杜盎氏小孢子菌、白色念珠菌、金黄色葡萄球菌有抑制作用[8]。

木通醇浸液在体外对革兰氏阳性菌、阴性菌如痢疾杆菌、伤寒杆菌均具有抑制作用，热水浸液和乙醇浸液对金黄色葡萄球菌有抑制作用[21]。兔慢性利尿实验证实木通醇浸剂有利尿作用，充血性水肿的大鼠实验表明木通具有抗水肿和利尿作用[22]。

车前草的不同有机溶剂（无水乙醇、甲醇、乙醚、石油醚、三氯甲烷和苯）提取物均对金黄色葡萄球菌、大肠埃希菌、青霉和假丝酵母有显著抑制作用，对铜绿假单胞菌的抑制作用也较好[18]，其中醇提取物可杀灭钩端螺旋体[19]，石油醚提取物对金黄色葡萄球菌、变形链球菌有较好的抗菌活性[20]。车前草乙醇提取物有利尿作用[9]，犬静脉注射车前草水提醇沉液后尿量显著增多[19]。

黄彬彬通过动物实验发现知母的乙醚提取物对H37RV型结核杆菌有较强的抑制活性[27]。兔子皮下注射知母提取物，同时注射定量大肠杆菌，知母提取物可显著抑制由大肠杆菌引起的高热，同时可缓解兔子大肠杆菌所致的病症[28]。

1.2.2 抗炎作用

泽泻具有利尿作用，家兔腹腔注射泽泻流浸膏和耳静脉注射泽泻水制剂均有较好的利尿作用[23]。同时泽泻具有抗炎作用，其水煎剂可抑制小鼠二硝基氯苯所致的接触性皮炎，明显减轻二甲苯引起的小鼠耳廓肿胀，抑制小鼠的棉球肉芽组织增生[24]。

1.2.3 镇静、镇痛作用

败酱草能增强网状细胞和白细胞的吞噬能力，促进抗体形成及提高血清溶菌酶的水平，从而达到抗菌消炎的目的[34]；黄花败酱全草先用95%的乙醇提取，得到的提取物进一步用石油醚、氯仿、乙酸乙酯和正丁醇依次萃取，其中以正丁醇萃取部分的镇静作用最明显[35]。镇静作用的机理有研究者认为是黄花败酱中有效成分挥发油直接作用于中枢而致，也有研究者认为是皂苷起效[36]；复方败酱草注射液进行小鼠扭体反应、热板致痛法试验，结果表明其有明显的镇痛作用，且有剂量差异[37]。

甘草中含有的成分之一为甘草黄酮，其具有类肾上腺激素样作用，可以抗溃疡，镇痛。芍药甘草汤既能抑制外周神经末梢引起的疼痛又能抑制继发的炎性反应所致的疼痛[38]。白芍与甘草的协同作用可以有效缓解膀胱炎的疼痛，并抵抗炎症。而另一味治疗方剂中常见的中药牛膝，其中含有的齐墩果酸也具有抗炎镇痛作用，经过研究证明，以酒炒的总皂苷量最高，且呈现较强的镇痛作用[41]。牛膝亦提高患者机体免疫功[40]。

败酱草能增强网状细胞和白细胞的吞噬能力，促进抗体形成及提高血清溶菌酶的水平，从而达到抗菌消炎的目的[34]；黄花败酱全草先用95%的乙醇提取，得到的提取物进一步用石油醚、氯仿、乙酸乙酯和正丁醇依次萃取，其中以正丁醇萃取部分的镇静作用最明显[35]。镇静作用的机理有研究者认为是黄花败酱中有效成分挥发油直接作用于中枢而致，也有研究者认为是皂苷起效[36]；复方败酱草注射液进行小鼠扭体反应、热板致痛法试验，结果表明其有明显的镇痛作用，且有剂量差异[37]。

1.2.4 综合作用

用水蒸气对鱼腥草进行两次蒸馏获得提取液，其中主要成分为甲基正壬酮、癸酰乙醛、月桂醛等挥发性成分，药理实验表明其具有抗炎，抗氧化，抗病原微生物的作用[13]。鱼腥草可以抑制多种信号通路，还可以通过抑制肥大细胞活化，进而抑制促炎因子产生，减轻炎症反应[14-16]。

黄柏煎剂、水浸出液或乙醇浸出液对化脓性细菌抑菌作用强，尤其对金黄色葡萄球菌、表皮球菌、化脓性链球菌等阳性球菌有较强的抑菌效果，对绿脓杆菌也有抑制作用，但作用较弱[25]。实验研究表明，黄柏提取物可显著提高吞噬细胞的吞噬功能，对二甲苯诱发的小鼠耳廓炎症有明显的抑制作用[26]。

李昌灵等[29]试验表明，白茅根乙酸乙酯提取物对于假丝酵母，水煮提取物对于大肠杆菌，丙酮提取物对于金黄色葡萄球菌，50%乙醇提取物对于产气肠杆菌，水煮提取物枯草芽孢杆菌的抑菌效果最好。白茅根水煎液具有利尿和一定的抗炎作用。岳兴如等[30]研究结果表明，白茅根水煎液对炎症早期渗出具有一定的抑制作用，同时亦有一定的抑制角叉菜胶诱导炎症反应的作用。动物实验证明，白茅根的水煎剂具有显著的降压和利尿作用，其作用机理主要在于缓解肾小球血管痉挛，从而使肾血流量及肾滤过率增加而产生利尿效果[31]。

白芍有效部位为一系列糖苷类物质，其中芍药苷是其有效成分[38]。研究发现，白芍醇提取液对二甲苯致小鼠耳肿胀一定的抑制作用，并能显著降低光热法致痛小鼠的痛阈值[39]，此外，白芍提取物对大鼠蛋清性急性炎性[40]，水肿有明显抑制作用。

金钱草醇提物对雄性Wistar大鼠有利尿作用[32]，可引起犬尿量增多、输尿管蠕动频率增加[33]；煎剂也可增强犬输尿管蠕动、增加尿流量[33]。

1.3 中药有效成分

中药中有效成分治疗膀胱炎的作用机制主要包括调节免疫、利尿、抗炎、抑菌等。针对无菌性膀胱炎，常用中药为车前子、车前草、栀子、金银花、黄芪、薏米仁，甘草等多种药物配合使用。

就栀子而言，栀子中含有40余种生物活性物质，其中为国内外所公认的中药栀子有效成分为环烯醚萜类物质，包括栀子苷、京尼平苷、羟异栀子苷、栀子苷酸等，其中活性成分最高的是栀子苷和京尼平苷。刘晓棠[42]等综述中，栀子有效成分有镇痛、解热、抗炎、治疗软组织损伤的作用，其中实验结果与临床用药经验一致，作用明显。金银花的化学成分研究表明，其含有机酸类、黄酮类、三萜皂苷类和挥发油等。黄喜茹[43]等人的研究评析表明，金银花有抗炎解热作用，并且其临床作为清热解毒治疗感染性疾病主要是通过调节机体免疫功能而实现的。就车前子和车前草[44]其具有抗炎抑菌利尿等多重作用，目前研究中beara[45]发现车前子甲醇提取物具有抗炎活性，冯娜等[46]研究不同浓度车前子多糖（PSP）对各期炎症模型的影响，结果表明车前子多糖能够抑制二甲苯致小鼠耳廓肿胀、醋酸致小鼠毛细血管通透性的增加，降低渗出液中 WBC、MDA、TNF-α 含量及血清中 MDA 水平，并能提高渗出液和血清中SOD 的活性，减轻各期炎症形成。Kim等[47]对车前子提取物中桃叶珊瑚苷、京尼平苷和梓醇的混合物研究表明，其中桃叶珊瑚苷为主要抗炎物质。

运用小鼠扭体法、热板法提纯生川楝子醇，药理实验表明其提取物具有显著镇痛作用，其中两个柠檬酸为主要抗炎镇痛活性成分[48]。此外，川楝子的提取物川楝素能抑制刺激神经诱发的乙酰胆碱释放，从而阻断神经与肌肉的链接，起到镇痛作用[40]。

柴胡中的柴胡皂苷对于多种炎症过程都具有抑制作用[49]，还对缓解间质性膀肌炎患者因病痛而引起的紧张、焦虑等不良情绪具有显著疗效；原因是柴胡皂苷能够抑制大脑组织海马区胆碱乙酰转移酶（ChAT）蛋白表达、降低大脑海马区乙酰胆碱酯酶（AChE）活性和减少大脑海马区神经细胞凋亡而起到抗抑郁作用.[50]治疗膀胱炎的药物主要以抗溃疡，炎症以及镇痛作用为主，附带清热解毒，利尿以及缓和情绪。

临床案例[51]中急性膀胱炎是细菌直接侵袭膀胱黏膜引起，多由革兰阴性菌所致，在机体抵抗力下降时细菌易沿尿路黏膜上行致肾盂肾炎。金银花有抗病原微生物和抗炎解热作用[52]，其挥发油中所含绿原酸、异绿原酸为抗菌有效成分，具有广谱抗菌作用，尤其对大肠杆菌等有较强的抑制作用，近年来的研究发现，金银花中的三萜皂苷及其他一些成分也有很强的生理活性。丹参也具有抗菌抗炎和对免疫系统的作用[53]，体外抑菌实验证明，丹参 1：1 煎剂，对金黄色葡萄球菌、大肠肝菌、变形杆菌、福氏痢疾杆菌、伤寒杆菌均有抑制作用，其中主要为丹参酮具有抗炎作用。

2 中药治疗犬膀胱炎

中兽医学认为膀胱炎属淋证范畴[54]。淋证是一种下焦疾患，据文献记载，结合临床观察，淋证特点以排尿频、急、短、涩、痛为主要表现，是淋证的共同特点，也是淋证的诊断依据[55]。淋证种类不一，各具特点，但只要排尿有频急短涩痛的表现，即可诊为淋证。目前中药应用于膀胱炎疾病的研究多中药作为我国传统宝贵资源，以其多靶点、天然低毒的特色，在人膀胱炎的治疗中扮演重要角色，而目前，中药针对犬膀胱炎的研究相对较少，提示中药在犬膀胱炎的基础研究与临床治疗方面有十分广阔的发展前景和重要意义。

集中于人用，有关动物膀胱炎的相关研究则很少，尤其在犬膀胱炎的研究方面报道不多。文献记载应用于犬膀胱炎的药方有八正散[56]、知母黄柏散[57]和小蓟饮子[58]，可用于兽医膀胱炎治疗的相关药方有龙胆泻肝汤[59]和导赤汤[60]。

2.1 八正散

八正散见于宋代《太平惠民和剂局方》，广泛用于泌尿系感染的治疗，其味苦性寒，属清热利水之剂，有清热消炎，利水散结的功效，以“通”、“利”见长[61]。本方由木通、瞿麦、车前子、萹蓄、滑石、甘草、栀子、大黄、灯心草八味药物等分组成。方中木通性寒，利尿通淋、清心除烦；瞿麦、车前子、萹蓄、滑石亦性寒，有清热利尿通淋的功效；大黄清热解毒，通便下火，抗菌抗感染；栀子清热利湿、凉血解毒，灯心草清心火、利小便。在临床应用方面，温伟[56]采用八正散加减治疗犬猫膀胱炎35例，治愈26例，好转7例，有效率94.29%，疗效良好。

八正散单味中药大黄主要有效成分为蒽醌衍生物[62，63]。其中，大黄酸、大黄素甲醚、芦荟大黄素及大黄酚具有显著的抗白色念球菌、新生隐球菌、毛藓菌、曲霉菌等抗菌活性[62]，大黄素、大黄酚、大黄酸具有抗菌利尿的作用。

大黄素是中药大黄的主要有效单体，具有广谱的抑菌作用[64]和抗炎、利尿作用。大黄素可有效抑制金黄色葡萄球菌、大肠杆菌等细菌，对厌氧菌有很强的抑制作用[65]，且金黄色葡萄球菌对大黄素不易产生耐药性，链球菌对其也很敏感。大黄素通过调节炎症细胞因子发挥抗炎作用，其不仅能促进细胞内钙离子释放和细胞外钙离子内流[66]从而调节多种由巨噬细胞产生的炎症细胞因子[67]，还可以不同程度地抑制一组炎症相关基因的表达，包括肿瘤坏死因子-α（TNF-α）、NOS、IL-10等[68]。研究证实，大黄素通过抑制Na，K-ATP酶的活性，使肾小管对Na的重吸收减少，尿钠明显增多，从而起到利尿作用[69]。

2.2 知母黄柏散

知母黄柏散方剂为知母、黄柏、乌药、萆薢各15g，鲜生地、鲜淡竹叶各20g，滑石10g。此方清热泻火、利湿热，方中黄柏、知母苦寒，为主药；乌药、萆薢、滑石利水通淋为辅药；生地、淡竹叶清热凉血、利小便，为佐使药[58]。临床上，黄瑞校[57]用知母黄柏散治疗犬膀胱炎，病犬排尿不畅，尿量少，诊断为膀胱湿热，服药4剂后诸症消失。

知母黄柏散的主要成分黄柏，性寒，归肾、膀胱经，清热燥湿，用于热淋涩痛。黄柏煎剂、水浸出液或乙醇浸出液对金黄色葡萄球菌、化脓性链球菌、表皮球菌等革兰染色阳性球菌及多种致病性微生物有较强的抑制作用[70，71]。同时，黄柏还能对抗多种因素所致的炎症反应，实验研究表明黄柏提取物可显著提高吞噬细胞的吞噬作用[71]。

黄柏的主要有效成分是小檗碱，又称黄连素，是一种生物碱。黄柏的抗菌作用多表现为小檗碱的抗菌活性[72]。但目前小檗碱抗菌作用机理目前仍不明确。有研究发现小檗碱与DNA有很强的结合作用，推断其可能通过影响细菌DNA的合成等作用发挥抗菌作用[73-75]，但没有直接的实验证实；Kim等[76]研究认为，对革兰氏阳性菌stortase酶的抑制活性和大肠埃希氏菌FtsZ蛋白是小檗碱抗菌作用的靶点[77，78]；郑洪艳等发现原小檗碱与四环素类的立体结构有很大的重合，因此推测其抗菌机制可能与四环素类药物相同，即通过抑制细菌核蛋白体30 S亚基而影响蛋白质的合成[77]；也有研究表明，小檗碱可通过导致核糖体和细胞壁的改变干扰细菌蛋白质生物合成，发挥抗金黄色葡萄球菌作用[79]。小檗碱还能有效降低大肠埃希氏菌等病菌与红血球和上皮细胞的粘附作用，使病菌与受感染体之间失去介导物质而降低病原菌的感染力[78]。

2.3 小蓟饮子

小蓟饮子出自《丹溪心法》[80]，药方组成有生地黄、小蓟、滑石、木通、蒲黄、藕节、淡竹叶、当归、山栀子、甘草。方中小蓟甘凉，功擅清热凉血止血，为君药；生地黄甘苦性寒，凉血止血，蒲黄、藕节助君药凉血止血，并能消瘀，共为臣药。本方主治下焦热结，血淋[80]。毕玉霞[58]用小蓟饮子加减水煎服治疗犬猫泌尿系感染38例，治愈率在92%以上，有效率为97%，效果良好。

2.4 龙胆泻肝汤和导赤汤

龙胆泻肝汤出自《医方集解》，中兽医多引用宋代《太平惠民和剂局方》或清代《医宗金鉴》[81]。方剂组成为龙胆草、黄芩、山栀子、泽泻、木通、车前子、当归、生地黄、柴胡、生甘草。方中龙胆草大苦大寒，归肝、胆、膀胱经，为君药；黄芩、栀子苦寒泻火，燥湿清热，共为臣药；泽泻、木通、车前子渗湿泄热，导热下行，当归、生地养血滋阴，邪去而不伤阴血，共为佐药。本方可用于泌尿生殖系感染如肾炎、膀胱炎、尿道炎、睾丸炎等属于肝胆湿热或实热者[59]，为一首药力强大的抗菌、消炎、解热、利尿方剂[81]。中兽医临床上，铁焕录[82]运用龙胆泻肝汤治疗黄牛淋证，病牛尿路不畅，服药第二天尿路基本通畅，继服1剂痊愈。

导赤散原出《小儿药证直诀》，名“导赤散”[60]。方剂组成有生地、木通、甘草梢、竹叶，为清热剂，具有清脏腑热，清心养阴，利水通淋之功效。中兽医方面主治各种家畜心经积热，口舌生疮，小便短赤，排尿疼痛[60]。

就目前的临床病例以及文献来看，中药治疗犬膀胱炎的特点主要表现在：①临床应用多为经验方，或直接移用人用药方，少有专门针对犬用的药方。②研究多数仅停留在药物的作用效果等表层，而对于其体内过程，作用机理等尚不是十分明确。③用药方式单一，以水煎口服为主，对于犬来说不是十分适用。在人的膀胱炎治疗领域，虽然一些疾病如间质性膀胱炎的致病机理尚不是十分明确，但因为中医悠久的历史，已经积攒了很多对于不同病症的临床有效的方法。此外，中药的应用多为复方制剂，有效成分多，作用靶点复杂，能综合调节作用靶点的相关因子，因此其具有很大的优势和发展潜力。以人用中药治疗膀胱炎经验方为基础，针对犬膀胱炎的中药治疗展开成方加减、中药单体提取物和有效成分作用靶点等多层次研究，对于中药治疗犬膀胱炎有重要意义。尤其是近几年各种提纯技术，中药制剂的发展，更是为临床研究提供了技术支持。

前景

膀胱炎的类型多样，致病机理复杂，是临床常见疾病。临床上的膀胱炎多数是由细菌经尿道上行感染膀胱引起的。治疗细菌感染引起的膀胱炎一般采用抗感染类药物，近年来抗生素滥用导致细菌的耐药性日趋普遍和严重，膀胱炎渐成难治性疾病。抗感染药物往往靶点单一，杀灭病原微生物的同时可能引起病原微生物耐药性增强。中药可以针对多种类型的膀胱炎进行成方加减辨证治疗，同时中药通过单体中药提取物中的多种有效成分发挥抗菌作用，不易引起细菌耐药性，充分体现了中药的多靶点和灵活运用的优势。大量临床病例研究也证实，膀胱炎常规治疗配合中药的运用具有更好的疗效，中药可调整机体整体功能，增强机体抗感染力，与采用单一常规治疗相比，常规治疗配合中药使用治愈的患者复发率更低。随着更多高效、多靶点、绿色、安全的抗感染中药的发现和现代药剂学技术的应用，中药将有极大的应用空间。

人与犬膀胱炎发病机制的相似性，提示人用中药可以尝试应用于犬膀胱炎的治疗，填补犬膀胱炎中药治疗方面的空白，辅助降低治愈患畜复发率。此外，中药作为我国传统宝贵资源，以其多靶点、天然低毒的特色，在人膀胱炎的治疗中扮演重要角色，而目前，中药针对犬膀胱炎的研究相对较少，提示中药在犬膀胱炎的基础研究与临床治疗方面有十分广阔的发展前景和重要意义。

参考文献

[1] 蒋平，余欣慧，王少峰. 中西医结合治疗腺性膀胱炎28例疗效分析[J]. 医学信息（中旬刊），2010，06:1635-1636.

[2] 郑金洲，邱运华. 中西医结合治疗腺性膀胱炎临床治疗观察[J]. 求医问药（下半月），2013，02:486-487.

[3] 余扬. 对间质性膀胱炎的中医病机认识[J]. 中西医结合研究，2015，05:270+272.

[4] 李锐. 间质性膀胱炎的临床护理探析[J]. 中国城乡企业卫生，2014，06:145-146.

[5] 汤昊，孙颖浩. 腺性膀胱炎及其诊治[J]. 临床泌尿外科杂志，2008，09:715-718.

[6] 朱雪琼，朱建龙，林希，黄卫文，吴松涛，林佐彪. 八正散加减治疗腺性膀胱炎疗效观察[J]. 中医药学报，2010，01:99-100.

[7] 郭应禄，曾荔，临床泌尿外科病理学[M].北京；北京大学医学出版社，2004:158-161

[8] Shaw JI. Transition for cystitis glandularis to primary adenoarcinoma of the bladder[J].J Urol，1958，79（9）:815.

[9] 黄新凯. 龙胆泻肝汤治疗湿热型间质性膀胱炎临床研究[D].广州中医药大学，2008.

[10] 李文标，唐录英，邓欢，湛海伦，周祥福. 鱼腥草提取液膀胱灌注治疗大鼠非细菌性膀胱炎的实验研究[J]. 中华临床医师杂志（电子版），2015，08:1372-1376.

[11] 任红.探讨女性膀胱炎的中医中药治疗效果[J].临床研究，2016，（1）:44-45.

[12] 高慧刚. 中西医结合治疗间质性膀胱炎的疗效观察[J]. 中西医结合心血管病电子杂志，2015，16:121-122.

[13] 胡汝晓，肖冰梅，谭周进，等. 鱼腥草的化学成分及其药理作用 [J]. 中国药业，2008，17（8）: 23-25.

[14] Kim D，Park D，Kyung J，et al. Anti-inflammatory effects ofHouttuyniacordata supercritical extract in carrageenan-air pouchinflammation model[J].Lab Anim Res，2012，28（2）:137-140.

[15] Chun JM，Nho KJ，Kim HS，et al. An ethyl acetate fraction derivedfrom Houttuyniacordata extract inhibits the production ofinflammatory markers by suppressing NF-small ka，CyrillicB andMAPK activation in lipopolysaccharide-stimulated RAW 264. 7macrophages[J]. BMC Complement Altern Med，2014，14: 234.

[16] Lee HJ，Seo HS，Kim GJ，et al. HouttuyniacordataThunb inhibitsthe production of pro-inflammatory cytokines through inhibition ofthe NFkappaB signaling pathway in HMC-1 human mast cells[J].Mol Med Rep，2013，8（3）: 731-736.

[17] 李振华，鞠建明，华俊磊，石慧慧. 中药川楝子研究进展[J]. 中国实验方剂学杂志，2015，01:219-223.

[18] 夏玲红，金冠钦，孙黎，杨娟. 车前草的化学成分与药理作用研究进展[J]. 中国药师，2013，02:294-296.

[19] 李敏，程敏.中药车前草化学成份与药理研究的新进展[J].现代中医药，2005，03:60-61.

[20] 苟成. 车前草提取物及其有效成分的抗菌活性研究[D].延边大学，2015.

[21] 刘岩庭，侯雄军，谢月，冯育林，欧阳胜，杨世林. 木通属植物化学成分及药理作用研究进展[J]. 江西中医学院学报，2012，04:87-93.

[22] 刘桂艳，王晔，马双成，鲁静，林瑞超. 木通属植物木通化学成分及药理活性研究概况[J]. 中国药学杂志，2004，05:17-19+39.

[23] 钱丽萍，江月萍，阙慧卿，林绥. 泽泻及复方制剂的化学成分及药理活性的研究进展[J]. 海峡药学，2010，12:8-11.

[24] 田婷，陈华，冯亚龙，殷璐，陈丹倩，赵英永，林瑞超. 泽泻药理与毒理作用的研究进展[J]. 中药材，2014，11:2103-2108.

[25] 刘仁俊. 黄柏化学成分及药理作用浅谈[J]. 中国中医药现代远程教育，2011，13:83-84.

[26] 吴嘉瑞，张冰，张光敏. 黄柏药理作用研究进展[J]. 亚太传统医药，2009，11:160-162.

[27] 黄彬彬. 知母化学成分的研究[D].吉林大学，2015.

[28] Hikino H，方唯硕. 知母的化学成分与药理活性 [J]. 国外医药（植物药分册），1992，7（02）: 59-61.

[29] 李昌灵，张建华. 白茅根提取物的抑菌效果研究[J]. 怀化学院学报，2012，11:34-37.

[30] 岳兴如，侯宗霞，刘萍，王澍嵩. 白茅根抗炎的药理作用[J]. 中国临床康复，2006，43:85-87.

[31] 时银英，白玉昊，兰志琼. 白茅根降压茶治疗原发性高血压的实验研究[J]. 陕西中医学院学报，2008，06:57-58.

[32] 熊颖，王俊文，邓君. 金钱草和广金钱草的药理作用比较[J]. 中国中药杂志，2015，11:2106-2111.

[33] 蔡华芳. 金钱草治疗尿结石的作用和机理研究[J]. 中国医疗前沿，2010，12:7-8+48.

[34] 时燕平，傅友丰. 中药三联法治疗慢性盆腔炎34例观察[J]. 中国中西医结合杂志，1997，02:99-100.

[35] 徐泽民，黄朝辉，朱波，张亚海. 黄花败酱镇静作用活性部位的研究[J]. 浙江中西医结合杂志，2007，06:347-348.

[36] 谭超，孙志良，周可炎，许建平. 黄花败酱化学成分及镇静、抑菌作用研究[J]. 中兽医医药杂志，2003，04:3-5.

[37] 张一芳. 败酱草研究进展[J]. 中药材，2009，01:148-152.

[38] 沈晓东，黄黛瑛. 白芍抗炎镇痛的药理学研究进展[J]. 中国现代药物应用，2009，24:197-199.

[39] 欧阳勇. 白芍醇提液抗炎镇痛作用研究[J]. 数理医药学杂志，2008，05:600-602.

[40] 高学敏. 中药学［M］. 北京：中国中医药出版社，2007:77，256，329，433，464.同有效成分

[41] 李金亭，胡正海. 牛膝类药材的生物学与化学成分的研究进展[J]. 中草药，2006，06:952-956.

[42] 刘晓棠，赵伯涛，张玖，张卫明. 栀子的综合开发与利用[J]. 中国野生植物资源，2008，01:19-23.

[43] 黄喜茹，刘伟娜，曹冬. 金银花的化学成分药理作用研究评析[J]. 中医药学刊，2005，03:418-419.

[44] 郑秀棉，杨莉，王峥涛. 车前子的化学成分与药理活性研究进展[J]. 中药材，2013，07:1190-1196.

[45] Beara IN，Orcic DZ，Lesjak MM，et al. Liquid chromatography/tandem mass spectrometry study of anti-inflammatory activity of Plantain（ Plantago L. ）species［ J ］. Journal of Pharmaceutical and Biomedical Analysis，2010，52（ 5）: 701-706.

[46] 冯娜，刘芳，郭会彩，曹阿芳，王素敏. 车前子多糖抗炎作用机制的实验研究[J]. 天津医药，2012，06:598-601.

[47] Kim BH，Park KS，Chang IM. Elucidation of anti-inflammatory potencies of Eucommiaulmoides bark and Plantagoasiatica seeds［ J ］. Journal of Medicinal Food，2009，12（4）: 764-769.

[48] 时等，刘妍如，杨建云，肖炳坤，黄荣清 中药川楝子的最新研究进展. 中国临床药理学与治疗学，2012.17（3）:357-360.

[49] 牛向荣 柴胡药理作用研究概述 中国药师 2009.12（9）:1310-1312.

[50] 吕晓慧，孙宗喜，苏瑞强，范建伟，赵志全. 柴胡及其活性成分药理研究进展. 中国中药信息杂志 2012.19（12）:105-107.

[51] 王希霞. 中西医结合治疗急性膀胱炎40例[J]. 现代中西医结合杂志，2005，17:2251.

[52] 王天志，李永梅.金银花的研究进展[J].华西

药学杂志，2000，15（4）:292-294，298.
[53] 余世春，琚小龙，段广勋等.丹参的化学成分和药理活性研究概况（综述）[J].安徽卫生职业技术学院学报，2002，1（2）:43-47.
[54] 钱林超. 浅谈淋证的分型辨治[J]. 中医函授通讯，1995，06:16.
[55] 王力智. 淋证分类异议[J]. 承德医学院学报，1986，01:38-40.
[56] 温伟，张辉，崔焕忠. 八正散加减治疗犬猫膀胱炎[J]. 中国兽医杂志，2013，01:82-83.
[57] 黄瑞校. 知母黄柏散治疗犬膀胱炎的体会[J]. 贵州畜牧兽医，2006，02:29.
[58] 毕玉霞. "小蓟饮子"加减治疗犬猫泌尿系感染[J]. 中兽医学杂志，2003，02:27-28.
[59] 胡元亮.中兽医学.北京：中国农业出版社，2006，11：399.
[60] 李贵兴.中兽医名著与方剂.石家庄：河北科学技术出版社，2011，01:1239.
[61] 朱春杰. 八正散临床应用举隅[J]. 涟钢科技与管理，2001，02:59-60.
[62] 傅兴圣，陈菲，刘训红，许虎，周逸芝. 大黄化学成分与药理作用研究新进展[J]. 中国新药杂志，2011，16:1534-1538+1568.
[63] 郑雨，向群，万幸.大黄及大黄素干预全身性炎症反应作用的研究进展[J]. 中药材，2004，09:694-698.
[64] 江苏新医学院编.中药大辞典（上册）[M].上海：上海科技出版社，1985:102-103.
[65] Wang H H，Chung J G，Ho C C et al. Alie-emodin effects on arylamine N-acetyl transferase activity I the bacterium Helicobacter pylori[J]. Planta. 1998，64（2）:176-178.
[66] 阳崇德，张秀贤. 大黄素的药理研究进展[J]. 中国药业，2003，03:78-79.
[67] 沈爱娟，蔡宛如. 大黄素抗炎作用及对急性肺损伤治疗作用研究进展[J]. 浙江中医药大学学报，2013，10:1261-1264.
[68] 丁艳，黄志华. 大黄素药理作用研究进展[J]. 中药药理与临床，2007，05:236-238.
[69] 马继雄. 大黄素药理作用研究进展[J]. 青海师范大学学报（自然科学版），2011，04:48-51.
[70] 张博，张婷，王树春. 黄柏的化学成分、质量分析方法及药理作用研究[J]. 现代医药卫生，2013，10:1505-1507.
[71] 吴嘉瑞，张冰，张光敏. 黄柏药理作用研究进展[J]. 亚太传统医药，2009，11:160-162.
[72] 张冠英，董瑞娟，廉莲. 川黄柏、关黄柏的化学成分及药理活性研究进展[J]. 沈阳药科大学学报，2012，10:812-821.
[73] Li T K，Bathory E，Lavoie E J，et al. Human topoisomerase Ⅰ poising by protoberberine: potential roles for both drug-DNA and drug-emzyme interaction[J]. Biochem.，2000，39（24）: 7107-7116.
[74] Yoshinori K，Yoshinori Y，Noboru F，et al. Inhibitors of DNA topoisomerase Ⅰ and Ⅱ isolated from the coptis Rhizomes[J]. Planta med.1995，61: 414-418.
[75] Krishnan P，Bastow K F. The 9-position in berberine analogs is an important determinant of DNA topoisomerase Ⅱ inhibition [J]. Anticancer Drug Des，2000，15（4）: 255-264.
[76] Paterson G K，Mitchell T J. The biology of Gram-positive sortaseenzymes[J]. Trends Microbiol，2004，12（2）: 89-95.
[77] Domadia P N，Bhunia A，Sivaraman J，et al. Berberine targets assembly of Escherichia coli cell division protein FtsZ [J]. Biochem.，47（10）: 3225-3234.
[78] 杨勇，雷志英，吴方评，黄刚. 小檗碱的抗菌作用研究进展[J]. 现代生物医学进展，2010，09:1783-1785.
[79] 方波，周成合，周向东. 小檗碱类抗微生物化合物研究进展[J]. 国际药学研究杂志，2010，02:105-109+113.
[80] 张克家. 中兽医方剂大全.北京：中国农业出版社，2009，1:6.
[81] 张富臣. 试论龙胆泻肝汤及其兽医临床应用[J]. 中兽医医药杂志，1993，01:22-24.
[82] 铁焕录.龙胆泻肝汤加减在兽医临床运用[J]. 中兽医学杂志，2011，06:37-38.
[83] 魏东，陈卫，王蕴欣. 间质性膀胱炎与细菌性膀胱炎的相关性研究[J]. 河北医药，2010，23:3318-3319.
[84] 林珈好，何敬荣，范开，林德贵. 中药治疗人与犬乳腺癌的临床和实验研究概况[J]. 中国比较医学杂志，2015，03:80-85.

小测试1解答

影像学诊断和解析

双侧髂骨，坐骨和耻骨出现严重虫噬样骨溶解，骨皮质变薄。可见轻度至中度栅栏型到放射型骨膜反应，尤其是在坐骨弓处。整个骨盆部呈现对称性骨病变，受影响的骨骼骨皮质几乎全部溶解。髂骨翼，骶骨和腰椎，尾椎，股骨头和骨干未受影响。后肢有轻度至中度软组织肿胀（图2）。

影像学检查发现多骨出现严重的侵袭性，破坏性骨病，轻度的骨膜反应，伴随着中度软组织浸润，炎症，蜂窝织炎和水肿。基于影像学诊断结果，鉴别诊断包括转移性肿瘤（癌）或原发性血管或淋巴性的骨肿瘤（如：淋巴瘤、血管肉瘤和浆细胞性骨髓瘤或多发性骨髓瘤）。还有考虑其他的原发性骨肿瘤，包括：盆腔肉瘤，骨肉瘤，软骨肉瘤和纤维肉瘤。不能排出肉芽肿性骨髓炎的可能。

对胸腔，腹腔和骨盆进行非造影增强的CT检查，筛查是否出现肿瘤的转移，同时确诊盆腔X线检查的结果。静脉注射碘造影剂后又进行CT检查（图3）。对矢状面和背侧进行多维重建CT影像。CT检查发现髂骨尾侧，坐骨和耻骨出现弥散性骨溶解，在坐骨弓处出现不规则型骨膜反应，坐骨和耻骨处有界限不清的严重骨破坏。臀肌和半膜肌出现朝尾侧的严重挤压。腹部CT检查发现右侧腹股沟淋巴结增大（6cm× 4cm× 4cm）和脾肿大。泛发性淋巴结肿大的鉴别诊断包括转移瘤或免疫介导性淋巴结肿大；而脾肿大的鉴别诊断包括：继发于镇静的血管池形成和充血，髓外造血，肿瘤和淋巴增生。

治疗及结果

右髂骨活组织病理学检查结果显示骨组织完全消失，被大量的肿瘤细胞替代，圆形肿瘤细胞被少量的纤维基质分割成片状。肿瘤细胞边界多样但清晰可见，细胞质呈中度嗜酸性，细胞核周围聚集大量着色，粗糙的染色质，有1个或多个多形性核仁。核质比中度升高，伴有轻度红细胞和细胞核的大小不均。有丝分裂象范围是0～3/hpf。肿瘤内出现营养不良性矿化和细胞坏死。

右侧大腿内侧肿胀组织的组织病理学检查结果显示，该组织为淋巴样组织，与腹股沟淋巴结相符。淋巴样组织被大量恶性圆形细胞浸润，形态学特征与骨盆活组织样本相似。在肿瘤内出现大量的有丝分裂象。检查结果与圆形细胞瘤局部转移的表现相符。

肱骨大结节处骨髓穿刺细胞学检查发现红细胞减少，以及多种混合细胞，包括分化不良至中度分化的浆细胞，少量原始粒细胞，罕见的巨核细胞和罕见的脂肪细胞。未见骨髓痨。基于病理学和细胞学检查，最终的组织病理学诊断结果为浆细胞性骨髓瘤。

治疗方法为7次化疗。每次化疗用药为美法伦（7mg/m^2，口服，24h/次），连续使用5天，每21天为一个治疗周期；泼尼松龙[0.5mg/kg（0.23mg/lb），口服]，前10d每天一次，后182d每2d一次。在接受2次化疗后，临床症状得到改善，血清蛋白电泳检查发现球蛋白降低至正常范围内。完成7次化疗治疗后（住院189d），患犬体况良好，体重增加了3kg（6.6lb），无后肢无力或跛行的表现。血常规检查为正细胞正色素性贫血，生化检查未见异常。

接受化疗7个月后拍摄骨盆X线片发现肿胀的腹股沟淋巴结体积稍有减小，骨膜反应降低，坐骨骨皮质几乎恢复正常。可见明显的伴随再矿化的骨质修复，尤其是在坐骨弓处。

讨论

浆细胞骨髓瘤是一种发展缓慢，高度恶化的多病灶性（如多发性骨髓瘤）浆细胞肿瘤。多见于成年和老年犬，猫罕见发生。多发性骨髓瘤的特征是感染骨发生多处骨溶解，包括脊椎骨，肋骨，骨盆，头骨，造血功能强的长骨近端和远端。浆细胞骨髓瘤常转移到脾脏，肝脏，淋巴结和肾脏。

犬多发性骨髓瘤的确诊方法通常是骨溶解处骨髓的细胞学检查。血清和尿液检

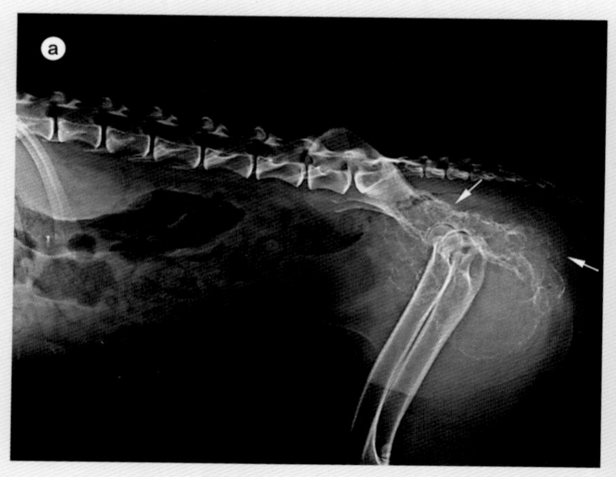

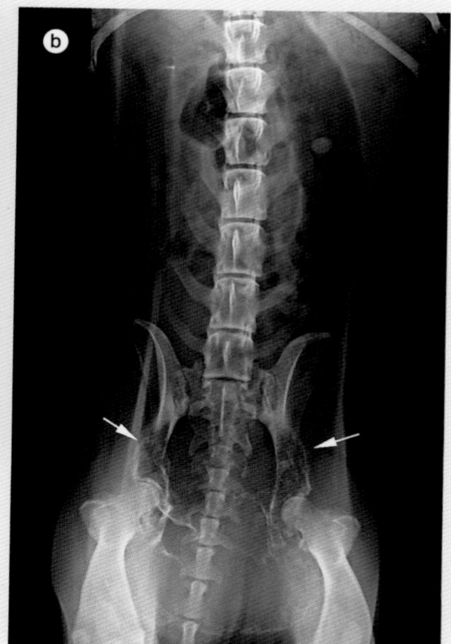

图2　与图1相同的X线照片。双侧髂骨、坐骨和耻骨有多处骨溶解，整个骨盆的骨损伤对称出现，呈现不规则样。髂骨翼、骶骨和腰椎、尾椎、股骨头和骨干未见骨损伤。后肢有轻度到重度软组织肿胀。A图注意到尾侧髂骨，坐骨和耻骨骨皮质异常（箭头处）。B图可见从髂骨中部开始出现骨质丢失（箭头处）

查可见骨髓瘤蛋白。患犬的骨髓细胞学检查可见浆细胞增多。

犬多发性骨髓瘤骨损伤的影像学特征为多处弥散性或虫噬样骨溶解，以界限不清的，尤其是骨皮质部的骨破坏区域为特点。局限于单一骨的单发性浆细胞性骨髓瘤造成的骨损伤在犬罕见。一些研究者将这种类型的肿瘤定义为单发性骨性浆细胞瘤，并认为这是多发性骨髓瘤的早期表现。将本病例定义为浆细胞骨髓瘤是因为骨盆骨出现泛发的严重性骨溶解，以及疾病临床表现持续时间过长。

通过胸部、腹部和骨盆的放射学和CT检查确定该犬发生病变的具体位置和范围。CT检查还能检测软组织发生病变的量，发现右侧腹股沟淋巴结的瘤转移，同时排除了机体其他部位发生瘤转移的可能。在本病例中，尤其是局限在骨盆部的骨侵袭不常见于青年犬。尽管骨髓瘤泛发于骨盆部，但仅在右侧腹股沟淋巴结处出现瘤转移。

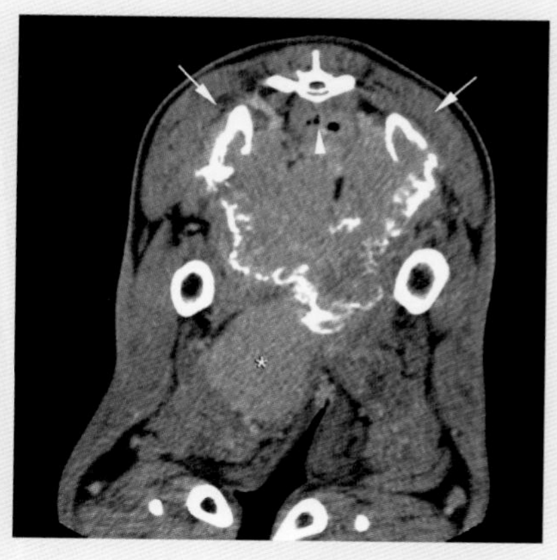

图3　以骶骨为水平面的骨盆横断面造影增强CT 图像（图右侧为读片者的左侧）。髂骨和耻骨弓处（箭头所指）因盆腔内大的软组织团块（造影后显影）出现占位性病变和变形，该肿物为显著增大的腹股沟淋巴结（星状箭头处）。肿物使得直肠向背侧移位（箭头）

本病例中的患犬对浆细胞性骨髓瘤治疗应答的临床表现不同寻常。影像学和CT检查发现有泛发性，侵入性，混合型的多骨破坏和骨盆增生性损伤。因此应将浆细胞性骨髓瘤列入鉴别诊断中。尽管患犬体内病变范围广，但在治疗期间生活质量较好。

译者介绍
黄丽卿　中国农业大学，邮箱hlqtotoro@163.com

雌鸽卡蛋病例的诊断与治疗

Diagnosis and Treatment of Dystocia in Pigeons

张鹏飞*
北京漂亮宝贝动物医院/荷兰迪威德赛鸽门诊 北京朝阳.100025

摘要： 一只CHN2010年的雌性赛鸽。当年连续产出两枚畸形独蛋后，触摸发现鸽子腹部耻骨与龙骨之间有一鸽蛋大小的硬块，随即出现不产蛋现象。来院后，可见鸽子精神不佳，腹部明显肿大，消瘦，可视黏膜泛白。根据病史、临床症状和X线检查怀疑是难产蛋或肿瘤引起。经开腹探查，确定为异型蛋导致输卵管严重堵塞。引起本病的常见原因分为以下几种：雌鸽年龄过大，由于饲养管理不当导致营养缺乏；在产蛋前期感染细菌、病毒及其他病原微生物所致的生殖系统疾病；产蛋后期引起的内分泌紊乱等。

关键词： 雌鸽，难产，手术

Abstract: Dystocia in pigeons is a common reproductive disease process seen by veterinarians. The clinical signs may include anorexia, abdominal distention, distress etc. Diagnosis is mainly depends on radiographs of the abdomen or ultrasound examination. Surgery is the treatment of choice. Here we report a typical dystocia case of pigeon successfully managed through surgery.

Keyword: pigeon, dystocia , surgery

1 病史

主述该病鸽从2016年初开始配对产蛋，但产蛋有些异常，其中麻点蛋较多，第一窝产蛋两颗，均未孵化出；第二窝共产出两颗蛋，成功孵出；第三窝仅产一颗蛋，之后就开始不产蛋，继而在腹部耻骨和龙骨之间出现凸起，随着时间的延长肿胀物越来越大。在之后出现精神不振，食欲减退，粪便不成形，偶见浓绿稀便。全程未用药，随即就诊。

2 临床症状及检查

2.1 临床症状 病鸽精神不振，眼神呆滞，黏膜苍白，身体瘦弱，肛周羽毛污染，有绿色的粪便。触诊腹部凸起物较硬，皮肤未见异常改变，有轻微喘息。

2.2 实验室检查 经X射线检查可见腹围增大、腹部凸起（图1）。

通讯作者
张鹏飞 北京漂亮宝贝动物医院，邮箱：zhangpengfei_cw@126.com。
Author: Pengfei Zhang, zhangpengfei_cw@126.com, Beijing pretty pets hospital.

图1 病鸽X线拍片，a为侧位X线片，可见腹部有高亮度的区域，肌胃中有多颗砂砾，腹围增大；b图为患鸽正位X线片，可见腹侧胃部高亮区域，腹腔内有较高密度阴影，疑似异型蛋

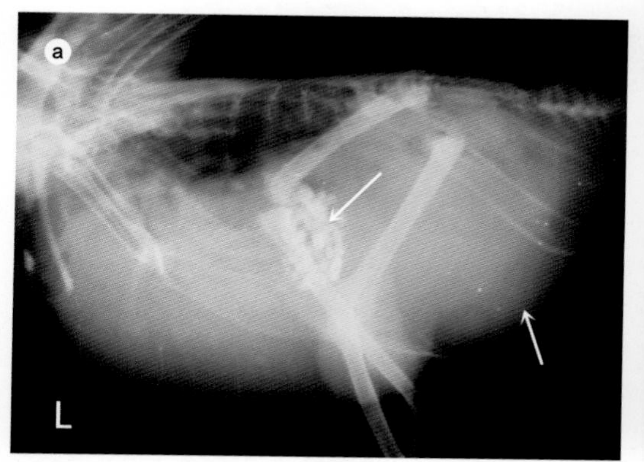

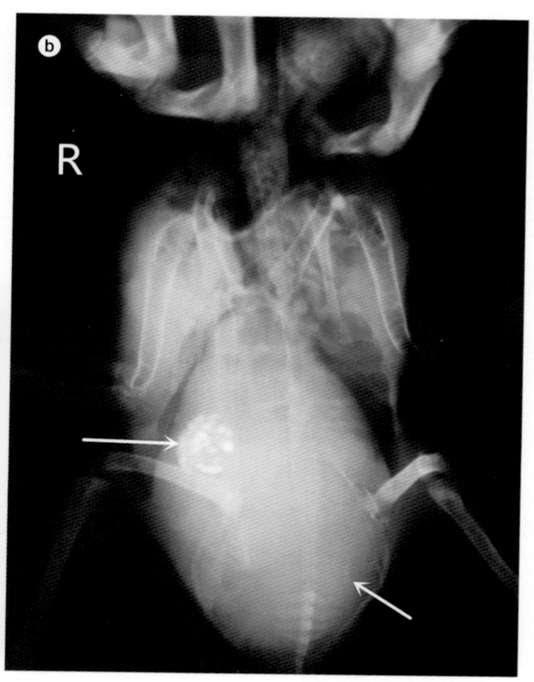

3 诊断

根据病史、临床症状和X线检查，初步诊断为难产蛋或肿瘤。经与主人协商后，行开腹探查术。

4 手术过程及术后治疗

术前将患鸽保定，并剪毛和消毒，采用异氟烷面罩吸入麻醉（图2）。

手术过程：首先，以脐孔为基点，上下切开1cm，依次切开皮肤层，肌肉层直至暴露腹腔，根据探查表面，肿物位于输卵管内，避开血管，将输卵管切开1～2cm，发现有大量蛋黄与蛋清混合物，已成干酪样，恶臭。之后将这些全部取出，体积大约有3个鸽蛋大小。缝合输卵管切口后，清洗术部及腹腔，然后闭合腹腔，连续缝合肌肉层，结节缝合皮肤层。术后消毒（图3）。

术后治疗：拜有利，0.2mL，皮下注射，每天1次，连续5d；

磷维素，0.5mL，皮下注射，每天一次，连续5d；

代谢强，1：4比例兑水，口服，每天两次，连续5d；

乳酸菌片，口服，每次1片，每天2次，连用5d。

5 结果

经开腹探查后，确诊为难产引起的输卵管堵塞。在术后7d内观察病鸽，精神状态较好转（图4），采食量逐渐正常，体重增加，口腔颜色和眼睛颜色均有好转，粪便转为正常。在术后护理中，每天给于一定量的1/2清除饲料和1/2的营养饲料，保健砂全天自由采食。为降低鸽手术的应激反应，口服荷兰迪威德的维他宝和精华液7～10d。根据情况，7～10d拆线。术后预后良好，建议隔年后进行配对孵鸽。

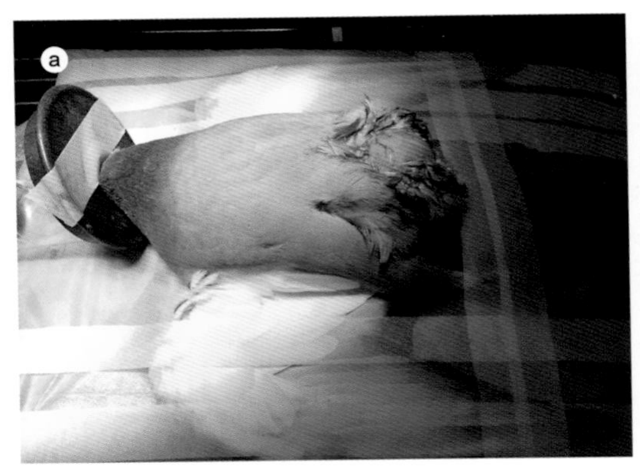

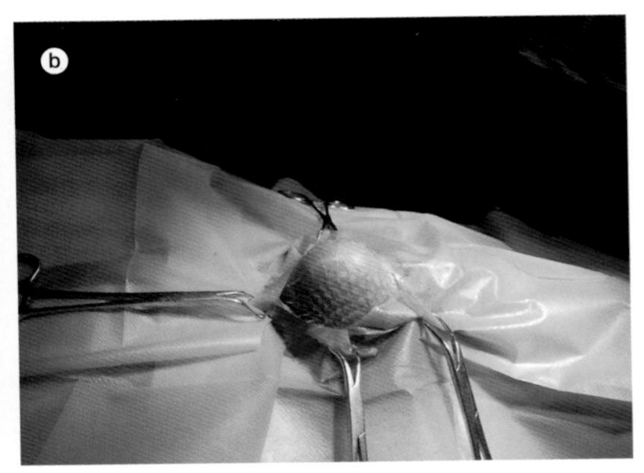

图2　患鸽术前准备。a为患鸽吸入麻醉，患鸽仰卧保定，局部剃毛；b为术前消毒覆创巾

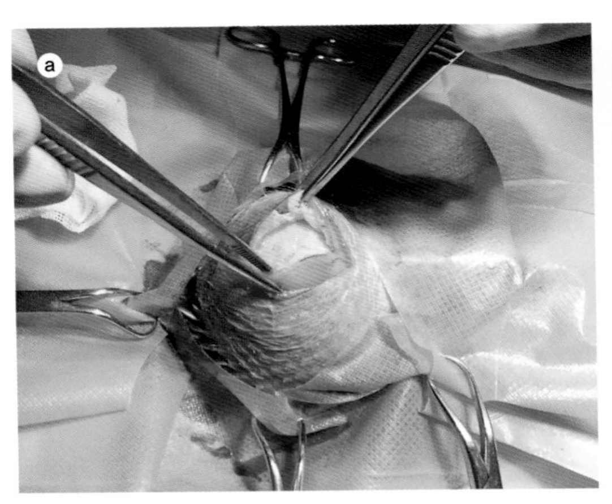

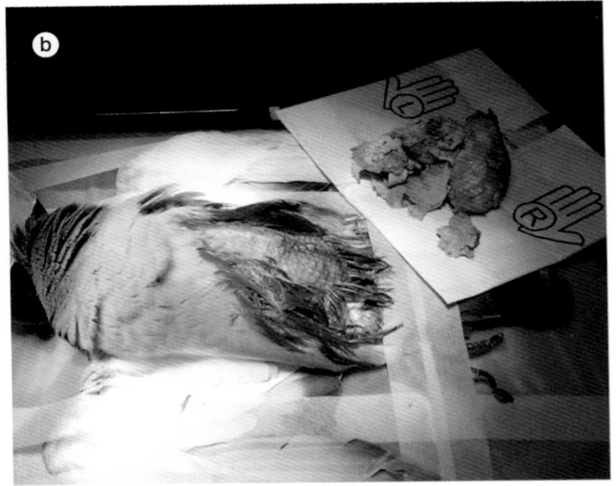

图3　a正中切开肿物，可见黄色干酪样物，位置在输卵管内，判断为蛋黄蛋清混合物；b为术后取出的内容物，约为3个鸽蛋的大小

图4　患鸽手术恢复良好

6 讨论

6.1 母鸽的生殖生理特点　主要表现在没有发情周期，胚胎不在母体内发育，而是在体外孵化；没有妊娠过程；一次产一个蛋，隔日在产一个；卵泡排卵后，不形成黄体；卵内含有大量的卵黄，卵的外面包邮坚硬的壳。在非繁殖季节、孵化季节及换羽期，卵泡停止排卵和成熟，卵巢萎缩。母鸽的生殖器官仅由左侧卵巢和左侧输卵管构

引起本病的常见原因分为以下几种：雌鸽年龄过大，由于饲养管理不当导致营养缺乏；在产蛋前期感染细菌、病毒及其他病原微生物所致的生殖系统疾病；产蛋后期引起的内分泌紊乱等。

成，右侧在鸽体的发育过程中停止发育并逐渐退化。根据输卵管的构造和机能不同，可将输卵管分为漏斗部、蛋白分泌部（膨大部）、峡部、子宫部和阴道部五部分。

6.2 发病因素 ①种鸽饲养管理差，鸽舍通风不良，气体污浊。②产蛋期饲料中蛋白质含量过高或维生素含量不足；产蛋前期补钙过早或产蛋期严重缺乏，饲料中钙磷比例不合理；鸽体营养过剩，运动量少，脂肪消耗减少。③鸽舍卫生条件差，消毒不彻底，环境中存在致病性病原微生物。④种鸽患有生殖系统疾病，治疗不及时，如输卵管炎，输卵管狭窄或扭转等。

6.3 肿瘤与异型蛋的区别 ①从外形讲，肿瘤多呈结节状或乳头状；异型蛋外形多样或无明显形状，如腹部凸起，腹围增大；②从组织结构讲，肿瘤与来源组织结构差异大，细胞分化不好，异型性大，异型蛋主要是蛋黄蛋清混合物；③从生长方式讲，肿瘤多呈膨胀性生长或外突性生长一般无包膜，异型蛋主要是未能及时排出体外，导致堆积堵塞，与周围组织分界较清；④从对机体的危害程度讲，肿瘤危害较大，主要为压迫和阻塞组织器官，可破坏组织，引起出血与合并感染，异型蛋危害相对较小，如能早期发现通过治疗，则预后良好，若病程较长，蛋黄蛋清复合物与输卵管粘连，继而会导致输卵管破损、感染，导致患鸽不能生育，甚至危及生命。

6.4 防治措施 ①加强种鸽产蛋期的饲养管理，注意解决通风不良的问题。②应将产蛋前期饲养中蛋白质的含量控制在一定范围之内，并在饲料中添加足量的维生素A、D或维生素E。在开产前半个月进行补钙，注意饲料中钙磷比例，以促进种鸽对钙磷的吸收。③根据鸽舍的建造格局，注意调整光照和强度。④在种鸽配对期和生产过程中，应搞好鸽舍卫生，定期对环境和用具进行消毒处理，常用的消毒液有有拜耳的纳必清、X5消毒液等。⑤在日常饲养管理过程中，应勤于观察，做到“早发现，早治疗”。发现病鸽立即隔离，查明原因，做出治疗方案。

参考文献

[1] Y.M.Saif著. 苏敬良，高福，索勋主译.禽病学［M］第十一版. 北京：中国农业出版社 2005.

[2] 赵宝华，邢华 鸽病防治［M］. 上海：上海科学技术出版社，2010.

[3] 杨连楷 鸽病防治技术（修订版）［M］. 北京：金盾出版社，2007.

[4] 焦库华 禽病的临床诊断与防治［M］. 北京：化学工业出版社，2003.

[5] 陈怀涛 动物肿瘤彩色图谱. 北京：中国农业出版社，2012.11.

[6] ［美］P.D.斯托凯著，《禽类生理学》翻译组译. 禽类生理学. 北京：科学出版社，1982.1.

如何应对小动物术部感染
Fighting Surgical Site Infections in Small Animals Are We Getting Anywhere?

译者：李　进　邵　冰
原文作者：Denis Verwilghen和Ameet Singh
选自 北美兽医临床. 2015（45）

主要内容：

● 预防术后感染的方法很多，但是仍然发生大量术部感染（SSI）。

● SSI预防措施包括手部卫生、抗生素预防疗法、谨慎选择适合手术病例、手术经验与技术。

● 现有方法实施率非常低。

● 正确利用现有知识，可有效降低SSI发生率。

关键词：术部感染，预防，遵循程度，抗生素预防疗法

1 前言

术部感染（SSI）是外科手术必须重视的问题。术部感染产生额外治疗、抗生素治疗、延长住院时间，患病动物死亡率升高。动物主人在经济和精神上难以接受，同时违背了动物福利的要求。手术技术兴起早期，这些感染比疾病本身更有危害性。18世纪初，人们认为术后创口化脓是愈合过程中的常见情况，甚至是创口愈合早期的正常现象。研究证实，化脓创口中存在细菌，并建立治疗败血症方法，开创抗菌时代。

19世纪中叶，即抗生素时代之前，医学研究者认识到在感染发生过程中，医护人员的手部卫生具有重要作用。巴斯德提出“不是抵抗细菌，而是避免细菌进入创口”。外科医生制定避免败血症发生原则，建立无菌原则和无菌技术。将疾病微生物理论和无菌技术结合起来，基于对感染疾病的认识或发挥药物优势，努力提高治愈率。抗生素出现之后，认为感染疾病容易进行治疗，导致忽略了预防措施。20世纪末至21世纪初，研究发现抗生素杀菌能力越来越低，预防措施再次被引起重视。我们的目标是没有病原，追求的是零感染率。

译者简介
李进　四川农业大学动物医院，1342009044@qq.com。
邵冰　东北农业大学动物医学院，68430479@qq.com。

2 定义

人医学提出SSI发生率监控措施，其中包括医疗团队的反馈，结果表明该方法是降低SSI的重要且有效措施。监控计划包括鉴定风险与概念统一。实施过程需要将SSI与感染病程、住院感染（POA）、医疗感染（HAI）进行鉴别。这是SSI预防多元模式研究的重要基础。美国疾病控制预防中心（CDC）发表《特殊感染类型监控定义》和《术部感染调查》(表1)。

术部细菌包括内源性和外源性。内源性污染，是病例术部或非相关部位的共生微生物群。外源性染污，是外科手术团队、环境、材料与设备。

表 1 根据CDC定义SSI

SSI	定义	标准（至少符合一个）
浅层感染	术后 30d 内发生，仅包括皮肤和皮下组织	浅表脓性分泌物 无菌获得液体或组织进行微生物培养和分离 手术切口打开，且不少于一个特征或感染症状：疼痛或压痛；局部发红；肿胀；或发烧，除非细菌培养结果阴性 外科主治医师做出诊断
深部感染	术后 30 或 90d 内发生（根据手术类型），涉及深层软组织（兽医临床植入物留置一年内，感染可能与外科手术有关）	深部脓性分泌物 深部切口表现自然裂开，或者由外科医师打开；细菌培养结果阳性或者未进行培养，但是病例已经表现发烧、局部和压痛的症状，除非细菌培养结果阴性 创口清理、组织病理学检查或影像学检查期间，直接可见脓肿或其他感染迹象 外科主治医师做出诊断
器官 / 间隙感染	术后 30 或 90d 内发生（根据手术类型）（兽医临床植入物留置 1 年内，感染可能与外科手术有关）	可发生在任何部位，包括手术涉及的皮肤、筋膜或肌肉层 脓性分泌物最低，在器官 / 间隙中无菌获得液体或组织进行微生物培养与分离，或者从其他感染部位进行培养。直接检查可见，或者通过组织学或影像学检查获得样本 外科主治医师做出诊断

引自：亚特兰大疾控中心，CDC/NHSN 特殊类型感染监控，2014。

SSI是相关于特殊外科手术及设备的感染。外科手术是在皮肤或粘膜至少实施一个切口的行为，或者在前期手术基础上实施再次手术。外科手术概念不包括切口闭合（纱布包扎与黏合剂覆盖），因此，SSI监控概念是主要操作未结束时发生的感染。手术间期定义为手术开始与结束之间的时长，可能是几个小时或几分钟。手术开始定义为实施切口操作的时候。手术结束是所有设备和用料清点完成，手术室（OR）内完成所有放射学检查，以及所有敷料和引流的固定，而且，外科医师完成了病例需要的所有相关处置。

SSI分类为浅层、深部或器官/间隙感染（参考表1）。结合临床检查和实验室结果进行判读，鉴定各种类型SSI。

3 流行病学

3.1 术部感染发生率

人医学的SSI占HAI总量的1/4，是感染最常见原因。SSI的发生主要取决于手术类型。兽医研究报道SSI的发生率包括总感染率和特殊手术感染率（表2）。大部分研究受SSI概念的局限，没有适当监控方案且统计数量不足。研究表明，很多案例从未被报道，特别是已经接受治疗的浅层感染，这些情况没有相关记录。因此，这些报道低估了SSI发生率。人医学使用更严格的监控方案，结果表明SSI总发生率大约为5%，但是，认为存在大量低估情况。

表 2　小动物临床SSI发生率分类（根据手术类型）

外科手术	案例统计数量	SSI发生率（%）	参考文献
所有外科手术	846	3.0	Turk et al，8 2014
所有外科手术	1010	3.0	Eugster et al，11 2004
所有外科手术	1574	5.5	Borwn et al，12 1997
所有外科手术	2063	5.1	Vasseur et al，13 1988
清洁－污染性手术创口	239	5.9	Nicholson et al，14 2002
清洁手术创口	777	4.8	Beal et al，15 1999
清洁手术创口	863	4.5	Heldmann et al，16 1985
清洁手术创口	128	0.8	Vasseur et al，17 1985
清洁性选择性矩形外科手术	112	7.1	Whittem et al，18 1999
清洁性选择性矩形外科手术	60	3.3	Holmberg，19 1985
腹腔镜和 VATS	170	1.7	Mayhew et al，20 2012
胫骨平台截骨术	226	13.3	Nazarali et al，21 2014
胫骨平台截骨术	208	21.3	Solano et al，22 2014
胫骨平台截骨术		8.8	Etter et al，23 2013
胫骨平台截骨术	2739	3.8	Savicky et al，24 2013
胫骨平台截骨术	282	7.4	Gallagher & Mertens，25 2012
胫骨平台截骨术	476	2.9	Gatineau et al，26 2011
胫骨平台截骨术	1146	6.6	Fitzpatrick & Solano，27 2010
囊外膝关节固定和胫骨平台截骨术	902	6.1	Frey et al，28 2010

3.2 犬术部感染常见致病菌

犬SSI的最常见致病原是细菌（表3）。细菌培养的常见结果是葡萄球菌，原因可能是共生和条件致病性质导致这种情况的发生。2007年以前，认为中间型葡萄球菌是主要病原，但是分子重新分类研究发现这种细菌是伪中间型葡萄球菌，是犬SSI的主要病因。研究表明甲氧西林及多重耐药性趋势显著升高。甲氧西林耐药性，即所有β-内酰胺类抗生素的耐药性。金黄色葡萄球菌是人医学SSI主要病因，也是犬SSI的病因，发生率低于伪中间葡萄球菌。甲氧西林耐药假间葡萄球菌（MRSP）SSI发生率呈现升高，受到广泛的关注。因为这种细菌具有多重耐药性，严重程度超过甲氧西林耐药金黄色葡萄球菌（MRSA）。假间葡萄球菌拥有强大生物膜形成能力，特别是在植入物相关SSI的治疗中表现复杂。据报道，伪中间葡萄球菌比金黄色葡萄球菌呈现更弱的人畜共患病传染能力，并且发生疾病。兽医外科医师手部细菌量与细菌类型研究证实，携带假间葡萄球菌的小动物兽医师占5%，但是其他兽医或人类医学工作者未表现携带这种细菌，结果表明这种细菌在小动物临床进行传播。关于犬葡萄球菌病原详细内容，请参考Stull《小动物临床住院感染》。

表 3　犬SSI常见致病菌

致病菌	备注
假间葡萄球菌	中间葡萄球菌（旧称） 犬共生微生物 具有生物膜形成能力 犬 SSI 最常见致病 限制性人畜共患能力 常见甲氧西林和多重耐药性

续表

致病菌	备注
金黄色葡萄球菌	人共生微生物 生物膜形成能力 犬 SSI 罕见致病因素 更强的人畜共患能力 常见甲氧西林和多重耐药性
凝固酶阴性葡萄球菌（CONS）	由几个种类构成，包括表皮葡萄球菌、舒莱夫葡萄球菌、溶血葡萄球菌、地衣葡萄球菌、附着葡萄球菌 多种动物共生微生物 甲氧西林和多药耐药性差异 SSI 罕见原因 可作为污染物 免疫抑制病例中常见
假单胞菌	生存条件潮湿，环境持久性 具有生物膜能力 高水平多重耐药性
肠球菌	多种动物消化道共生微生物 高水平多重耐药性 多种药物类型耐药性 宿主内长期存在能力 通常表现毒力有限，但患病时治疗困难。
广泛 β 内酰胺酶（ESBL）产生性肠杆菌	包括大肠杆菌、肠杆菌、克雷伯菌 可能是兽医学新问题 高水平多药耐药性

引自：Weese JS，van Duijkeren E. 兽医学甲氧西林耐药性金黄色葡萄球菌和假间葡萄球菌。兽医微生物学 2010;140（3－4）:418－29; Weese JS. 多药耐药术部感染回顾。兽医比较矫形外科， 曲马多，2008;21（1）:1－7。

4 困难与风险

术部细菌包括内源性和外源性。内源性污染，是病例术部或非相关部位的共生微生物群（例如，皮肤、口咽、消化道）。外源性染污，是外科手术团队、环境、材料与设备。通过病例筛选（避免非相关感染病例）和准备，降低内源性污染；然而，外源因素可能是最难进行控制的。表4阐述了小动物手术SSI的风险因素。

表 4　小动物手术风险因素

SSI风险因素	SSI保护因素	参考文献
低血压、手术创口级别和植入物	未确定	Turk et al，8 2014
麻醉时间	术后应用抗生素	Nazarali et al，21 2014
胫骨平台截骨术的无锁骨板	术后应用抗生素	Solano et al，22 2014
未确定	皮肤闭合 U 形钉与缝线	Etter et al，23 2013
胫骨平台截骨术的合成植入物	未确定	Savicky et al，20 2012
术前 4 小时进行术部脱毛	未确定	Mayhew et al，20 2012
未确定	术后应用抗生素	Gatineau et al，26 2011
胫骨平台截骨术与囊外膝关节固定术	皮肤缝线 术后应用抗生素	Frey et al，28 2010
体重增加 未绝育雄性	术后应用抗生素 拉布拉多犬	Fitzpatrick & Solano，27 2010
手术时长 手术室人数增多 污染手术创口级别	抗生素预防疗法	Eugster et al，14 2004

续表

SSI风险因素	SSI保护因素	参考文献
未绝育雄性 并发性内分泌病 手术时长 麻醉时长	未确定	Nicholson et al，14 2002
麻醉时长	未确定	Beal et al，15 2000
使用丙泊酚作为麻醉诱导剂	未确定	Heldmann et al，16 1999
未应用抗生素预防疗法	抗预防疗法	Whittem et al，18 1999
手术时长 术前脱毛时间	未确定	Brown et al，12 1997
术后直肠温 手术时长	抗生素预防疗法	Vasseur et al，13 1988

无菌操作可以预防病例、手术室人员和环境微生物导致的污染。所有方法和技术都是手术技术一部分，在本文的预防章节中进行详细阐述。恰当预防措施不只是个人行为，还包括外科设备和环境、术部准备、手术与麻醉团队、手术器械。基本原则虽然简单且容易实施，但容易被忽略。所有工作人员对无菌术和手术成功负有一定责任，包括外科医师、助手、清洁工和管理团队。以技术为基础建立外科团队意识和手术室团队意识。为确保较高的医疗护理水平，所有外科团队的所有成员必须具有足够的诚实品质与道德品行，能够尽职尽责，发挥最大能力，而且还会识别、报告且纠正错误的无菌操作。所有人必须毫不犹豫地履行这项职责，而且不会向拒绝态度作出任何妥协。

4.1 风险因素——遵守操作规程

人医学在不同外科手术类型中建立风险因素，包括病例健康情况（例如，糖尿病、吸烟、饮酒、肥胖、营养不良）和带菌状态（例如，MRSA）。人医学的SSI风险因素包括了外科手术类型、手术环境、外科专家经验和术后医疗，其中大部分适用于兽医学。表4阐述了兽医外科学报道的危险因素，包括手术和麻醉持续期，但是结果是相同的。虽然如此，**很多确定性风险因素均与我们自主行为有关，所以最主要且最危险因素是我们自己。**

人医学认为在所有HAI中，SSI是最可能进行预防的。尽管有了很多文献表明这个观点，但是结果仍不乐观。人医学调查表明，63%的医师不会遵循术前冲洗、脱毛、抗生素预防疗法（AMP）和术中备皮的指导原则。伴侣动物临床观察表明，通常不遵守明确建立的手术准备操作。病例术部和外科医师手部准备推荐时间至少2min，但实际工作中分别减少10s和7s。研究报道至少36%案例的前期无菌准备术部发生有菌接触。人医外科手术也有相似情况发生，其中最难以接受的是手部卫生。尽管这些无菌术被看作是一种争议，但是一段时期内，这是SSI预防的先驱性且关键性方法，而且操作简单、低成本、有效。我们不知道遵守能力表现如此之低的原因，这样使病例和兽医们也暴露于人畜共患病危险之中。小动物兽医师研究表明遵守率仅为14%，病例接触之前与之后进行洗手的工作人员只有3%。人医学研究了更多的卫生措施，但是对SSI的发生没有任何影响；然而，未遵循无菌术原则显示SSI风险升高3.5倍。

4.2 胫骨平台截骨术（TPLO）

TPLO是犬最常实施的手术技术之一，用于前十字韧带不稳定膝关节。比较于其他清洁手术而言，该手术极少表现SSI高发病率。原因包括多种情况，例如长时间手术与麻醉、胫骨近端侵袭性骨膜剥离、截骨术热损伤、胫骨近端软组织覆盖度降低，和植入物的影响。骨折固定术、矫正性截骨术和全关节置换术也存在上述因素，然而，这些手术SSI发生率低于TPLO。人医学在治疗膝关节骨性关节炎的胫骨高位楔形截骨术中表现相似，感染率为0.5%～4.7%，结果处于清洁手术报道范围内。目前，尚不清楚TPLO后SSI发生率升高的原因，其发病原因可能比较复杂且包括多种因素。

表4阐述兽医TPLO相关的SSI危险因素。由于MRSA是SSI的主要原因，需要筛查矫形外科病例的带菌状态。研究表明，鼻部MRSA携带者发生MRSA SSI风险显著升高。基于上述结果，很多医院经常使用莫匹罗星作为MRSA鼻部携带者的根除方案。尽管相关研究不足，但是MRSP术前带菌作为风险因素导致发生MRSP TPLO感染，表现相似作用。入院时，犬MRSP携带状态比率为4.4%，MRSP SSI发生率为2.2%。TPLO术后，MRSP术前携带导致MRSP SSI发生的情况超过了14倍（比值比514.8；$P<0.0001$；95%置信区间，4.0-54.7）。只有少数实施TPLO的犬是MRSP携带状态，但是需要MRSP SSI相关性进行观察研究，因为TPLO SSI的结果是灾难性。对于选定矫形外科病例，人医学进行PCR检查，几个小时可获得MRSA携带状态的结果。当天决定是否实施外科手术（例如，携带者需要推迟手术，进行抗菌治疗且调整APM）。兽医学尚未普及MRSP检测，就诊时外科医师检测MRSP携带状态，决定是否立即实施手术。兽医学不能进行临床检测，需要48～72h获得结果。研究发现了一种快速环介导扩增方法，对伪中间葡萄球菌核酸进行检测，实验表明敏感性96%且耗时15min。目前不确定该方法可以结合相关治疗方案在携带MRSP犬TPLO术前进行应用。

TPLO SSI经济学研究表明，TPLO SSI术后治疗费用约为145至5022美元。为了额外的SSI检查评估，平均复诊次数为4.1±2.9（范围1～13）。从手术至创口闭合的平均时间为（194±158）d，显著多于对照组的（71±51）d。结果表明TPLO SSI费用高昂，强调建立全面SSI预防方案的必要性。

人医学考虑到抗生素耐药性的问题，术后24小时不会进行抗生素治疗，导致发病率升高，并且与SSI发生率降低无关。研究表明TPLO病例术后应用抗生素可以降低SSI发生率。其中，常用的是头孢唑啉，为第一代头孢菌素，同时，也是术前AMP常用药物。MRSP对所有β内酰胺酶抗生素呈现固有耐药性，尚不清楚TPLO术后使用头孢唑啉降低SSI的原因。研究表明，TPLO术后应用抗生素的争议较少，这是作者所在医院的标准治疗方法。目前，仍然需要随机研究，确定抗生素的最低用药时间，降低患病率和抗生素耐药性。

4.3 细菌生物膜

生物膜是微生物产生的固着群落，特征是细胞发生不可逆性基底连接，植入细胞外多聚体（EPS）的基质中，生长率和基因转录表型发生改变。生物膜是一种生存优势，比较于游离性而言，细菌在群落中表现持续存在。细菌生物膜明显影响SSI治疗，并使其复杂化。人医学研究表明生物膜形成影响了80%慢性微生物感染。假间葡萄球菌表现强烈生物膜形成能力，是犬SSI常见病原，。兽医师有必要学习生物膜理论，提高治疗SSI有效性。

4.3.1 生物膜的生命周期

浮游细菌初期，表现可逆性附着在特定表面上（例如，缝线、植入物）。如果没有遭到破坏，继续形成不可逆性附着与细菌复制，促进细胞间粘附，使生物膜成熟。这个过程中的关键情况是细菌从浮游性转为固着性（代谢性休眠），降低代谢活性。常用抗生素作用于攻击快速分裂细胞的细胞壁，结果作用无效。多层细胞膜菌落中，嵌入式细胞通过复杂机制进行传递信息，使菌落产生群体决策性，提高生存能力。在特殊环境当达到临界点时，生物膜边缘的细胞恢复浮游期，开始分散且再次启动生命周期。

4.3.2 诊断

标准拭子培养很难实施，但是可以恢复生物膜嵌入式细菌。因为生物膜嵌入式细菌的性质为代谢性休眠，通常导致琼脂培养基结果阴性。慢性/持续性软组织创口或植入物的SSI中，使用标准微生物技术进行检测（创口拭子）仅能够培养浮漂细菌。微生物鉴定和易感性试验的结果不可能呈现生物膜的特征，必须谨慎判读结果，不能将这些结果作为参考依据进行治疗。

因为生物膜诊断困难，人医学制定一些原则用于帮助临床医师解决问题，同时也可应用于兽医学。

注释1 生物膜感染诊断原则

致病菌	备注
局部慢性或异物感染的微生物学迹象。	
聚集微生物显微学迹象。	
生物膜医源性因素（例如，植入性医疗器材，囊性纤维化，感染性心内膜炎）。	
感染复发，特别是在不同时间点发现相同微生物。	
尽管使用合适的药物，但是治疗无效或持续感染。	
表现局部或全身症状时，抗生素疗治疗表现好转，治疗结束时疾病复发。	

引自：生物膜感染的诊断与按照， 免疫与微生物学 2012；65（2）。

4.3.3 治疗方法

兽医学中，生物膜感染的治疗有限。生物膜嵌入式细菌的最低抑制浓度（MIC）是浮游细菌MIC 400倍，生物膜MIC治疗导致病例发生全身性中毒。抗生素可以治疗浮游性细菌感染的临床症状。治疗停止时，再次表现临床症状。

使用污染的骨折固定设备时需要进行抗生素治疗，放射线检查显示骨折生长迹象时拆除植入物。研究表明犬假体髋（非骨水泥）后期治疗时期诊断了植入物SSI。

研究认为，清创术是慢性软组织创口中破坏且清除生物的治疗方法。可以通过水疗外科技术或手术刀锐性边缘实施清创术，破坏生物膜。使生物膜发生破坏且分散，全身或局部抗生素才会更有效发挥治疗作用。但是，进行清创术之后，慢性创口生物膜表现快速再生（24h内），抗生素很少能够发挥作用。因此，进行抗生素治疗是无效的，迫切需要一种新型方法的诞生。

4.3.4 新型疗法

研究认为有效治疗目标是生物膜的结构。分散素 B，是伴放线杆菌自然产生的N-乙酰氨基葡萄苷酶。通过靶向作用于多糖包膜的多糖，有效阻止生物膜形成，分散已形成的生物膜。假间葡萄球菌的体外研究显示，分散素 B 有效阻止生物膜的形成，而且根除生物膜。这种酶可以结合抗生素一起使用，分散素 B 使生物膜细胞失去多糖包膜的保护作用，更敏感于抗生素治疗和宿主免疫反应。

在生物医学工程领域，多种生物膜分子的植入物包被技术受到广泛关注。这些技术使用银和钛纳米粒子、抗菌剂、抗微生物肽以及其他材料，阻止了细菌粘附和继发性生物膜。兽医植入物包膜需要进一步评估特异性病原。

5 预防方法

人医学有很多方法用于减少SSI的发生。大部分原则和习惯没有科学依据，而是知识理论和专家意见。根据医学循证原则，制定3种预防措施（IA级）：手部准备、适当AMP、非相关性感染手术推迟。1999 CDC原则包括术前剃毛仍然是一种争议性措施。兽医领域中没有类似的深入研究。因此，我们只能基于人医学研究作为参考。目前，外科规则是根据理论建立的，由于伦理学问题，不能进行这些标准操作的对照研究（例如，戴手套、隔离衣、口罩和帽子）。然而，没有证据不等于证据不存在。

人医学研究表明，50%的SSI危险因素是内源性（例如，年龄、全身疾病、前期病史），术前和术中很难发生改变。然而，可以改善外源性因素（术中外科医师调换，术中参观人员、除毛方法）。经验表明，简单且低成本措施往往就是降低HAI的最佳方式。

5.1 高度有效证据性与预防性措施

5.1.1 手部卫生学

世界卫生组织提出，预防传染病传播的方法是手部卫生学。术前手部无菌准备的相关研究不足，但这可能是重要SSI预防措施。人医学和兽医学外科医师都没有充分了解的正确外科手部准备知识。2008年研究发现术前手术手部卫生中存在的问题。酒精无水配方与手部刷洗表现相同的有效性。研究认为含水酒精制剂（HAS）有很多优点，包括抗微生物快速有效性、活性范围更广、副作用更少、耐药性更低，冲洗时不会产生二次污染，并且，推荐人医学和兽医学中进行使用。尽管如此，66%美洲和欧洲大学兽医外科专家表示难以接受。结果表明，外科医师的手术操作与科学知识之间没有相关性，甚至没有遵循现有规章制度。在此强调，发生SSI的主要风险因素是我们自己。

在手术室之外，微生物病原传播途径是医疗人员的手，在SSI发生过程中起到重要作用。手部卫生学是SSI预防措施之一，尤其是浅表SSI。研究表明不同措施之间存在暂时相关性，发挥了改善手部卫生措施、遵循程度，或降低感染率的作用。经过4年“手部清洁运动”，每天使用酒精超过2倍，MRSA菌血症和难辨梭菌感染发生降低50%，结果表明这些措施的重要性。将手部卫生学措施进行落实，才会达到我们所需要的结果。比较于护理工作人员，外科医师和内科医师更难于实施上述措施，可能是最弱环节。使用HAS且改善相关用品采购途径，可以提高手部卫生学的遵循程度。其他详细内容请参考Anderson的《兽医临床的接触警惕与手部卫生学》。

5.1.2 适当抗微生物预防法

（1）一般原则

图1所示公式得出SSI危险。发生宿主防御过载时，每个细菌污染性术部都发生SSI。创口中的异物会导致感染的发生。研究表明，非可吸收材料导致粒细胞缺乏，即使严格要求无菌技术，也会发生SSI。人医学和兽医学常用抗生素预防疗法降低细菌污染水平降低，达到宿主防御反应的承受范围，预防SSI的发生（参考图1）。在清洁污染性或污染手术中，为防止发生严重SSI，还未发生感染时开始AMP。人医学和兽医学的清洁创口使用AMP都存在争议性。创口分级与SSI的低发生率存在相关性；兽医手术认为很多种特定矫形外科手术（例如，TPLO，全髋置换）是清洁手术，但是，发生SSI也会导致不良结果。因此，AMP成为特定矫形手术或任何植入物留置手术的标准操作。即使是清洁创口，发生SSI也是灾难性的。

$$\frac{\text{微生物浓度和毒性} \times \text{组织损伤} \times \text{异物} \times \text{抗生素耐药性}}{\text{广泛与局部免疫} \times \text{术中抗生素}}$$

图1 SSI危险性

为降低人医学临床SSI发生率，2002年CDC和医护医疗服务中心提出了外科护理改善计划（SCIP）。计划中提出3种AMP措施：①基于预期病原选择抗生素，②计算抗生素用药时间，实现手术开始时的峰值血清浓度，③术后24h内，暂停用药。其他研究讨论第4种措施，即术中再次追加给药。兽医学尚未建立AMP原则；可以使用人医学推演方法。兽医研究显示，AMP降低不同手术级别

SSI发生率。AMP使无菌技术细节问题和感染控制措施得以完善，但是不等于忽略这些技术与治疗。

（2）抗生素用药选择

作为外科医师，必须知道预期病原（可能是多种病原）。根据经验性选择窄谱活性抗生素，保留正常菌群，降低耐药性发生率。表5列举外科手术类型、预期病原和推荐抗生素。

表 5　小动物外科手术，预期致病原和抗生素应用

外科手术	预期致病原	抗生素推荐使用
皮肤和重建手术	葡萄球菌（常见假间葡萄球菌）	头孢唑啉
头颈部手术	葡萄球菌 链球菌 厌氧菌	克林霉素 \ 头孢唑啉
矫形外科学和神经学		
特定手术，非开放性骨折，脊椎减压	葡萄球菌	头孢唑啉
开放性骨折	葡萄球菌 链球菌 厌氧菌	头孢唑啉
胸心外科手术	葡萄球菌	头孢唑啉
消化道		
肝胆手术	梭状芽胞杆菌，革兰阴性芽胞杆菌，厌氧菌	头孢西丁
上消化道手术	革兰阳性球菌，肠道革兰阴性细菌	头孢唑啉
下消化道手术	肠球菌，革兰阴性芽胞菌，厌氧菌	头孢西丁
肠道破裂	肠革兰阴性芽胞菌，肠球菌，厌氧菌，革兰阳性球菌	氨苄西林 + 氟喹诺酮
腹部手术	葡萄球菌	头孢唑啉
泌尿生殖系统手术	大肠杆菌，链球菌	头孢唑啉 \ 氨苄西林

（3）抗生素预防疗法的时限

人医学广泛关注用药时限，是AMP的关键问题。目前所使用的方法是CDC建立的，作为SCIP的一部分内容，包括术中60min选用合适的抗生素，为维持治疗浓度，每2个半衰期进行再次用药，术后24h内暂停用药。遵循SCIP指导原则表明降低了发病率和死亡率，但是遵循能力仍旧不足。一项34 133例研究表明，55.7%病例在手术60min内接受抗生素治疗。1992例全髋置换AMP与SSI风险评估研究表明，发生SSI比例最高的是术后接受AMP病例。

AMP使用原则适用于兽医学，只是还需要一些临床观察。一所医院226例TPLO的AMP应用研究表明，根据SCIP原则进行AMP计时的病例仅为42.5%。尽管这些结果未表现SSI的统计学相关性，但是结果表明抗生素用药延迟会升高SSI风险。相似情况见于术中给药延迟或根本未给药，呈现SSI升高。研究发生，SSI的发生与AMP计时执行能力不足之间有一定的相关性，也可能是统计能力不足的结果。无论如何，应该将AMP计时作为一项重要工作认真执行。

（4）术后抗生素用药

人医学原则推荐术后24h内停止AMP。研究表明，使用AMP超过24h与SSI发生率降低无关，导致发生耐药性。兽医学没有AMP术后使用原则，是人医学的推演用法。研究表明，降低SSI发生率的手术类型只有TPLO。假设术后抗生素治疗需要几天的时间，但

是存在SSI病原的情况下，治疗至14d也是无效。目前，仍然需要大量研究确定术后抗生素治疗的理想时间，降低TPLO SSI风险与发病率。

非相关性感染或全身疾病情况的特定手术推迟

虽然缺乏随机比对临床试验，但是CDC原则与大量研究表明非相关性感染是SSI的重要风险因素，其中包括肺、消化道与泌尿道。

病例术后全身炎症状态可导致感染的风险升高，例如肥胖、吸烟、糖尿病和病例营养状态，以及药物治疗。兽医病例的创口与皮肤感染都是最常见问题，而且风险性最高，所以，谨慎方法是推迟病例实施手术。

（5）主动监测和出院后监测计划

治疗监测可以减少HAI和SSI的发生，成为SSI预防的重要组成部分。研究表明，没有正规措施情况下，主动监测方案可降低SSI的发生率（表6）。通过收集当地医院和医疗系统的SSI数据计算获得风险特异性感染率，制定相关措施，包括感染控制方案优先级别、方案评审和有效性评估。1985年的研究报告表明，通过方案实施避免了约32%医源感染；同一时期特异性外科方案显示，SSI发生率从3.5%降低至不足1%。

监测计划的实施过程中，首先在医院内部与各医院之间使用统一要求。其次是实际操作复杂，需要作出行为与逻辑的改变，以及有效执行力。需要很长时间实现计划，但是4～6年内能够达到SSI发生率降低25%～50%。出院主动监测（PDS）显得尤其重要，研究表明出院后诊断的SSI占20%～94%。PDS统计学结果表明SSI发生率更高，其中包括浅表性SSI案例，不需要再次住院。兽医学SSI监测表明，医疗系统中未记录主动回访SSI案例占35%，因此，我们要重视数据采集工作。

（6）外科手术经验，技术，手术室规矩

多数外科医师认为SSI防治重要因素是外科医师与团队的的判断力与技术（很难科学检测）。但是，随机临床试验不可研究这种客观情况。人们认为严格执行Halsted原则且技术高超外科医生可以降低SSI的发生率。通过经验学习与积累提高成功率且减少并发症，包括保持充分止血与保留血供、合理处理机体组织、清除坏死组织、关闭死腔，和术后管理。人医学和兽医学都支持这些观点，普外与特殊外科手术的经验能够降低SSI发生、手术并发症，甚至提高病例存活率。研究表明，由实习生进行腹部创口闭合，导致创口裂开发生率更高。兽医学研究结果表现相似，认为一年级和二年级住院医师实施创口闭合，是发生SSI的显著风险因素。研究认为外科经验不足导致手术时间延长，这是导致并发症的重要风险因素。这些主要包括技术、合理判断力和无菌原则等方面情况。根据个人经验，随着工作时间的延长会改善医生的自信，通过手术案例的积累，可以降低精神紧张，改善决策力与注意力。因此，有必要将“心智训练或认知训练”作为外课程进行培训。

表6 主动监测与被动监测

被动监测	主动监测
医疗机构进行案例汇报；不需其他工作	医疗机构对进行案例汇报。感染控制团队主动联系外科医师与护士，明确案例情况

长时间创口暴露与组织处理，产生更严重的创口干燥和其他损伤，导致SSI发生。尽管外科经验是手术时间延长的一个因素，但是还包括整个外科团队能力。影响手术时间的其他因素包括手术方案制定、外科设备利用、突发情况处理和影像学检查。如果手术团队、麻醉团队以及护理团队的分工不明确，甚至出现沟通障碍，结果是工作时间延长与SSI发生率升高。

兽医临床极少建立合理的手术室规矩，同时低估手术室的重要性。人医学将外科团队行为作为评审核，然而，手术室噪音也是SSI升高的一个因素。手术期间，噪音降低医生的注意力，引起更多操作错误。谈论非手术相关话题，导致注意力集中降低，而且产生更多噪声。如果噪声是手术室里的一场喧闹谈话，结果提高了病原气溶胶污染程度。

SSI术中研究表明，我们的工作中存在各种问题，这些都会影响最终治疗结果。一项1 000余例手术研究清楚地表明，外科团队纪律退步是SSI发生的重要风险因素。这些因素包括手术室内人员走动频繁、外科人员更换、噪声、手术室参观，导致感染率升高。改善外科手术流程和手术室规章制度，显著降低各种并发症的发生，降低SSI发生率。

手术技术，是预防感染发生的主要因素之一。

抗生素治疗或其他方法也不能弥补手术技术缺陷。

表7　SSI预防常用措施

	人医学证据和推荐方法	兽医证据
	术前病例准备	
	术部准备：去除被毛	
	先剪短，再刮净剩余被毛 定期脱毛无效 仅清除术部周围被毛	研究不足 马关节穿刺时，被毛不影响消毒剂作用 脱毛前进行麻醉诱导，呈现SSI危险升高
兽医临床方法	除了无毛或少毛部位，都应进行脱毛处理 使用剃毛器进行脱毛，而不是剃刀 手术之前 / 麻醉诱导之后，立即脱毛 进手术室之前，开始病例术前准备	
	术部准备：消毒	
	没有最佳方式 使用0.5%或2%甲基化氯己定；试验表明与碘酒无差异 比较水溶液，含酒精制品更有效，持续作用更长 需要针对毛囊内细菌的方法 腈基丙烯酸盐微生物胶封：降低SSI发生率方面呈现少量阳性差异，但是证据不足 无特殊推荐方法	无随机对照试验 研究结果不一致，且无证据表明是最佳方法 研究目的是减少细菌，而非SSI永不发生
兽医临床方法	术前使用水或酒精药物进行备皮 使用氯己定和聚维酮碘	
	术部准备：术前抗菌剂冲洗	
	氯己定是降低SSI发生率的最好药品	无相关研究
兽医临床方法	备皮前使用中性肥皂进行术部冲洗，发挥消毒剂的有效性，且减少使用剂量	
	术部准备：术部隔离	
	未见创巾类型方面的研究 基于术部污染控制论理，在术部外周使用创巾 比较重复使用材料，一次性用品的成本 / 有效性比率最高，更有效降低SSI发生 研究显示一次用品比重复使用材料更有效降低SSI发生	研究表明一次性用品与创巾用之间无差异 一次性制品的成本 / 有效性比率与人医学结果相同
兽医临床方法	进行术部隔离 最佳方法：使用一次性防渗创巾	
	术部准备：无菌创口膜	

续表

	人医学证据和推荐方法	兽医证据
	未见 SSI 发生率降低；无碘创巾导致 SSI 发生率升高，创巾下方出现再生长细菌 重要的是产品工艺，黏性创巾边缘分离，加重细菌污染 使用技术成熟的含碘创巾	无相关研究
兽医临床方法	非常规使用；可使用技术成熟的含碘创巾	
	术部准备：BUSTER 塑料创巾	
	人医学不使用纯塑料创巾	兽医临床广泛使用塑料 BUSTER 型创巾。无研究表明不同创巾材料导致 SSI 发生率差异。人医学表明塑料创巾下产生更多细菌再生长。接近皮肤的部位表现湿度升高，促进细菌生长。不推荐使用塑料 BUSTER 创巾
兽医临床方法	除非有其他证据表明安全可用，否则放弃使用	
	外科团队的准备	
	医用帽与口罩	
	是否佩戴医用帽和口罩表现无差异 术部细菌污染显示降低	无研究参考
兽医临床方法	医疗人员始终佩戴医用帽和口罩。手术室要求医用帽和口罩的佩戴，辅助降低 SSI 的发生。坚持要求手术室内所有人员进行佩戴	
	手术服	
	大量理论支持可用于减少细菌数量 研究显示一次性防渗手术服有效降低 SSI 发生率 研究显示不同材料间无显著差异 试验了 27 件布料手术服，26 件表现细菌穿过；27 件纸料手术服没有表现细菌穿过性。比较于纸料手术服，布料手术服衣袖呈现 4 倍细菌水平	无相关研究证实
兽医临床方法	术中穿戴无菌手术服。根据欧洲标准，使用一次性手术服。不使用纯塑料手术服，原因如同塑料创巾	
	灭菌外科手套	
	佩戴手套是用于降低来源于手部细菌污染。长期经验显示有效性，无相关研究证实 不同手术类型导致不同的手套穿孔发生率，其中，≤ 80% 穿孔率未被注意 佩戴手术手套的一个重要因素是良好手部准备，研究表明手套穿孔导致 SSI 发生率升高 据报道，5% 细菌感染原因是手套穿孔 根据不同手术类型，更换手套时间不同，为 60 ~ 150min，但是在 90min 内已经发生较多穿孔情况 手术期间，每 60min 穿孔危险升高 1.12 倍	手套穿孔发率 10% ~ 26% 经常发生部位是非惯用手的食指 比较于软组织手术，矫形手术更容易发生手套穿孔 大部分穿孔发生在时间 60min 以上的手术
兽医临床方法	始终佩戴无菌手套 良好手部准备与无菌手套佩戴关系密切 术中每 60 ~ 90min，进行更换手套	
	双层外科手套方法	
	研究显示，无研究表明双层手套方法减少 SSI 的发生；第二付手套显著降低内层手套发生穿孔 穿孔标识器更容易发现手套穿孔 进行植入物操作之前，外层手套细菌数量升高，需要更换外层手套	无研究参考
兽医临床方法	佩戴双层无菌外科手套进行覆盖创巾，手术时弃掉最外层手套 植入物手术或容易导致手套穿孔的手术，佩戴双层手套 矫形手术或手术时间超过 60min，佩戴双层手套、专用矫形外科手套或标识器手套 实施植入物手术时，进行外层手套更换	
	术中措施	

续表

	人医学证据和推荐方法	兽医证据
	清创术	
	无研究表明不同清创方式之间存在差异	无相关研究结果
兽医临床方法	对于污染创口而言，细菌和异物是 SSI 发生的风险升高因素，实施清创术是重要的方法。根据实际情况和外科医师习惯选用合适方法	
	创口敷料	
	无证据表明使用创口覆盖敷料降低 SSI 风险	无相关研究结果 马的研究显示，腹带和支架绷带减少 SSI 的发生 这些都是小范围研究，并且结论不同
兽医临床方法	尽管结论模糊，但是使用敷料可以改善术部愈合。考虑到兽医病例生活环境及其舔咬术部创口的可能性，还是建议使用术部保护	
	缝合材料	
	单丝缝线的生物粘附降低，促进吞噬细胞对细菌发挥作用，比复丝缝线更少发生感染 比较于间断缝合，连续缝合表现较少感染，原因是组织坏死减少、张力分布均匀、缝线用量少 矫形手术中，金属缝合器比缝线发生的感染更多 研究表明抗生素浸渍缝线降低 SSI 发生率	TPLO 手术使用三氯生浸渍缝线未表现感染降低 马腹壁手术创口闭合中，未表现三氯生的有效性 无研究表现金属缝合器与缝线之间存在差异
兽医临床方法	重要的是选择缝线材料种类 理论上，抗生素浸渍缝线可能有效，但是没有充足研究证实。不推荐进行广泛使用	

表 8　SSI预防与未来研究的方向

入院筛查多重耐药葡萄球菌携带状态	理论基础是抗生素预治疗之前进行检查耐药细菌，或者手术之前进行脱菌治疗，达到降低 SSI 发生率的作用。人医学研究表明有效性，其他交叉设计试验尚未显示 SSI 发生率降低。兽医临床住院犬呈现术后假间葡萄球菌的显著接触危险。研究发现，MRSP 携带状态是发生 SSI 的显著危险因素；其他兽医研究表明带菌状态和感染之间不存在相关性。最终结果仍然存在争议，还需深入研究
金黄色葡萄球菌带菌与脱菌治疗	人医学筛查鼻部金黄色葡萄球菌，同时进行脱菌，显著减少医源性获得性金黄色葡萄球菌感染；对于 SSI 发生率而言，通常表现无效或降低程度有限。相比之下，动物较少表现鼻部 MRSA 带菌
术中低体温症	低体温症导致感染危险升高，影响免疫和生理功能抑制细菌污染的能力。正常体温，主要通过升高血流与氧分压进行调节。低体温影响神经系统分子交换能力和细胞功能，包括凝血功能、黏稠度、血细胞压积、免疫系统与内分泌系统。兽医研究犬的低体温效应，未表明轻度低体温与 SSI 发生率升高之间有相关性。但是，人医学研究表明未加热术后创口感染呈现风险升高，与兽医学结果存在明显争议
葡萄糖调控	非糖尿病犬的研究显示，发生内分泌病时发生感染机率是正常情况的 8.2 倍。白内障手术的糖尿病动物，术后未显示眼内感染升高 人的糖尿病病例研究显示，术后并发症升高。免疫系统中，高糖血症表现多种副作用，术中高糖血症是发生 SSI 的重要危险因素。术中记录血糖水平以及 SSI 的相关性，将是兽医学研究的主题
氧合作用	术部氧浓度降低，损伤中性粒细胞的抗菌功能，促使发生 SSI。术中吸氧 <50% 是 SSI 发生的重要因素；其他研究显示结果不同，包括感染显著降低、无作用、感染发生率显著升高。导致高氧有效性和最终组织 PO_2 改变的其他原因包括体温、血压、麻醉类型、输液管理、升血压药和组织处理。从理论和生理学方面讲，氧的补充可改善术中组织 PO_2 降低，减少 SSI 的发生，提高白细胞氧化杀伤能力。在诱导麻醉时应该开始补氧；但是尚未确定最佳供氧浓度和时间。人医学数据表明，创口闭合后至少供氧 2h
输血	输血具有明显有效性，包括急性出血后纠正休克状态，提高病例存活率。研究表明输血改变免疫反应，是发生 SSI 的风险因素。动物模型表明输血与感染发生之间呈现明显相关性。这种效应看似与输血次数有关，研究表明通过部分过滤白细胞，可减少创口感染的发生
输液管理	导致创口供氧降低的所有因素可升高感染发生率，且加重感染程度。尽管术中输液是毫无置疑的，但是输液类型、输液量和输液时间都是 SSI 发生的相关因素。研究显示，术中限制输液量可能表现有效性，显著降低 SSI 发生率。以林格溶液作为单纯输液治疗时，呈现氧张力降低超过 24h

（7）术部感染预防常用措施

表7阐述影响SSI发生率的方法。大部分内容是根据Cochrane综述和可靠性试验进行制定的。同时，以现有知识和专家意见为基础，提供了兽医临床方法。

（8）预防与未来研究的方向

术中时期是SSI预防的重要阶段，不只要对抗病原的传播，还要提高宿主免疫。表8阐述SSI的防治因素。尽管兽医文献来源较少，而且部分内容还有待探讨，但是，这些方法在兽医临床中会逐步进行常规应用。我们需要更多努力致力于实现SSI降低，例如，术中低体温症、葡萄糖控制和输液管理。麻醉师在药物准备与用药方面发挥着重要作用。兽医研究表明，丙泊酚容易发生细菌污染，与SSI发生存在显著相关性。以上结果着重强调所有医疗人员手部卫生的重要性。

6 总结

多重措施=将理论变为实践

SSI是多因素的动态过程，包括病例、手术、医疗设施和工作人员。通过多学科和多模式方法研究，制定最佳SSI预防措施，其中最重要因素是每个人的良心。为了提高遵守程度与最佳工作状态，需要所有人员具有一致的工作目标。所有人需要达成共识，对手术的成功与失败负有责任，才能实现不再发生SSI。据推测，如果遵循现有原则，那么，清洁手术感染率低于0.5%，清洁-污染性手术感染率低于1%，严重污染手术感染率低于2%。为了预防感染，我们在使用标准医疗流程，包括有效方法与措施，并进行严重监管与核实。部分地区已经制定了强制卫生方案，但是，看起来依然形同虚设。

审稿：刘云　东北农业大学

（参考文献略，需者可函索）

Abbreviation/缩略语

SSI，Surgical site infections：术部感染
CDC，Centers for Disease Control and Prevention：疾病预防控制中心
HAI，Health care - associated infections：医疗感染
POA，Present on admission：就诊时症状
OR，Operating room（OR）：手术室
TPLO，Tibial plateau leveling osteotomy：胫骨平台截骨术
VATS，Video–assisted thoracic surgery 视频辅助胸外科手术
MRSP，Methicillin–resistant S pseudointermedius：甲氧西林抗药性伪中间型葡萄球菌
MRSA，Methicillin–resistant S aureus：甲氧西林抗药性葡萄球菌
AMP，Antimicrobial prophylaxis：抗生素预防疗法
MIC，Minimum inhibitory concentration：最低抑菌浓度
HAS，Hydroalcoholic solutions：含水酒精溶液
SCIP，Surgical Care Improvement Project（SCIP）：外科护理改善计划
PDS，Active post discharge surveillance：出院后主动监测

小动物急诊监测

Monitoring of the Emergent Small Animal Patient

译者：吴 华* 胡 婷
原文作者：Garret Pachtinger
选自 北美小动物临床2013（43）

主要内容：

- 严密的监测对于急诊的病患至关重要。
- 仪器的监测不能够替代临床的手动检查。亲手检查比仪器更容易尽早在发现一些严重的病情。
- 全身检查主要包括呼吸系统（比如呼吸道和呼吸状态），心血管系统（比如血液循环），神经系统（比如机能障碍）。
- 心血管系统检查首先需要动手检查，然后进行一系列的及时检查，并辅以心电图和血压监测等辅助检查手段。
- 呼吸系统的检查先要进行观察并触诊，然后配合使用包括X线拍片、血氧仪和动脉血气等辅助诊断手段。

关键词：急诊，监测，分诊，诊断学，小动物

重症监护室监护的每一例病患对于急诊室和重症监护室来说都是一次挑战。当人们听到“监测”一词立即会联想到各种仪器。监测仪器并不能够代替临床检查对于病患动物的评估。对于患病动物进行人工监测是对病情严重程度和后续临床兽医护理的重要参考，据此才能更有针对性的制定出最优的诊断和治疗方案。监测系统虽然有用但也要认识其局限性，比如对于病危期病患来说有创的监测可能会造成非常严重的后果。

急重症患病动物的情况时刻都在发生变化，所以在对病患进行治疗处置前，不仅初步的诊断十分重要，而且后续有针对性的一系列检查更要重视。诊断学可以作为身体检查的补充，但绝不能全面的代替体检。此外，随着兽医诊疗费用的增加，费用有可能成为宠物主人的选择诊疗方法的重要限制因素，在临床上尽量避免盲目使用先进的仪器进行诊断。结果是更好的利用体检中的发现，帮助引导主人接受某项先进的诊断，有助于更好的进行沟通和实施全面正确的治疗。

在处理急诊病例时，最初的注意力应该集中在分诊和全面检查上。分诊是在病患进入医院时优先选择需要处理的问题的一门艺术。分诊要根据病史，病史包括病患表征、主要症状以及发病的时间。基本信息（比如年龄，品种，性别）可以帮助提供一份鉴别诊断清单，比如年轻病患的鉴别诊断（例如

译者简介
吴华 卡莞斯爱宠公寓，37189483@qq.com。

外伤，中毒）会不同于年老病患的鉴别诊断（例如癌症，代谢疾病），而未绝育病患的鉴别诊断（例如子宫蓄脓，前列腺脓肿）会不同于已绝育的病患。然后进行主要身体系统的优先治疗类选检查。在兽医学中，需要立即处理的急诊情况包括创伤、中毒、尿道堵塞、癫痫、出血、中暑、休克、外伤、贫血或产科的急诊。

首先进行全面的检查已初步确认分诊检查方向。全面检查的目的是迅速辨别致命的情况和病变部位。主要身体系统检查包括呼吸系统（如呼吸道，呼吸），心血循环系统（如血液循环），神经系统（如机能障碍）。上述系统中的非正常情况如果没有被正确的判断将会导致患病动物的病情迅速恶化。有一些简称有助于初步检查结果的描述，包括ABC-LOC（呼吸道，呼吸，循环，意识水平）以及ABCD（呼吸道，呼吸，循环，药品使用/接触/机能障碍）。

1 呼吸系统（呼吸道以及呼吸）

呼吸系统的检查应从远距离视诊开始，然后辅以触诊。视诊可以确认病患的呼吸道是否通畅，换气是否正常。在接触宠物进行触诊先问诊获取一些重要的相关信息，同时进行视诊观察，因为这时候动物和主人在一起最舒服最放松，以避免动物因为陌生人接触引起的紧张、疼痛或焦虑而造成呼吸状态的异常，引起的呼吸系统症状的误判。

在正常的呼吸循环中，呼吸的主要动力是膈膜的收缩和放松。在吸气过程中，膈膜收缩导致胸墙和腹部合作外扩。在呼气过程中，膈膜放松，胸部和腹部内敛。有呼吸困难的病患的症状包括呼吸费力、呼吸加速、发绀、呼吸姿势（端坐呼吸）、张口呼吸、不安或无法躺卧。还有些异常情况包括短浅呼吸缺少胸壁移动或鼻翼扇动。严重呼吸困难时还会见到反常呼吸（胸腔和腹腔扩张内敛方向相反）。反常呼吸见于有碍正常充肺过程的情况包括上呼吸道堵塞，膈膜受伤，肺容量降低，和胸腔积液。

呼吸姿势是另外一个呼吸系统检查中需要注意的内容。某些呼吸困难的病患也许会表现出端坐呼吸，最常见的姿势是头和脖子伸长并且两个肘关节外张。仰头和伸长脖子可以拉直气管，而肘关节外张可以减小对胸墙的压力。端坐呼吸通常与严重的呼吸衰竭晚期有关并且是呼吸停止的先兆。

呼吸系统疾病原发的解剖部位也许可以决定呼吸模式的不同。以下五种常见的呼吸模式对应不同呼吸困难类型：

①呼吸频率加快（如呼吸急促）并不一定是肺部病变（有可能是喘气或健康的狗）。当你面对一个呼气急促的患病动物，需要检查呼吸的过程，进行听诊，并使用一些辅助检查（比如血氧）；如果以上检查都正常，那么应该考虑其他可以导致呼吸急促的其他系统问题（如贫血、疼痛、焦虑、发热或代谢性酸中毒等）。

②胸腔疾病的表症为浅促的呼吸。听诊可能会有肺浊音和低沉的心音。鉴别诊断包括胸膜炎，胸膜渗出（比如血胸、脓胸、乳糜胸）和膈疝。

③上呼吸道阻塞的特征是吸气笛音或呼噜音。上呼吸道阻塞时其呼吸的频率可能无异常，但是因为气道狭窄使空气流通过困难，导致呼吸困难。鉴别诊断包括喉头麻痹，气管塌陷，鼻咽息肉，癌症，结核病，凝血功能障碍（引起血流进入上呼吸道），以及短头动物呼吸道综合症。

④下呼吸道疾病的典型特征是呼吸急促并伴有呼气变长且费力。听诊可发现呼气音。常见的鉴别诊断包括猫过敏性呼吸道病、肺纤维化以及慢性气管炎。

⑤肺实质性疾病的特点是吸气和呼气同时加重。听诊通常会发现刺耳的肺音，噼啪音，喘息声。常见的鉴别诊断包括传染性肺炎（比如细菌、真菌、病毒、原生物、寄生虫），吸入性肺炎（比如传染性和化学性局部肺炎），肺间性疾病，肺水肿（心因或非心因），凝血症（比如长效抗凝血剂）以及癌症。

经过视诊以后就需要亲手检查（比如，听诊），通常会使用辅助的检查工具。一般情况下，放射检查并不是呼吸系统检查的首选，因拍片的摆位很可能会对某些病症的动物造成致命的威胁。一旦病情稳定，就有更多的检查手段可以使用，包括血氧仪、动脉血气分析或静脉血气分析，胸部放射，以及集中探查胸腔受损超声波（TFAST）。

血氧（SPo_2）可以通过非创伤性测量血氧浓度的工具监测，通常被用于初期评估患病动物严重缺氧的客观指标。血氧仪的工作原理是分光光谱测量，它计量两种在动脉血中循环的血红素：含氧血红素（饱和血红素）和还原血红素（不饱和血红素）。含氧血红素是通过光线反射比结合吸收率测量红细胞（RBC）中血红素的浓度，测量结果带入公式计算血红素的饱和度百分比（SaO_2 =[HbO_2/HbO_2 + Hb] × 100）。血氧仪使临床兽医能够通过脉搏测量血氧，并根据血红蛋白解离曲线（图1）来推断氧分压。虽然血氧仪能够估测血红素饱和度，但是它并不能检测氧传递或组织供给。血氧仪可以用来间歇性的监测氧气饱和度或提供连续性的评估，这对于麻醉和镇定监护来说格外有帮助。

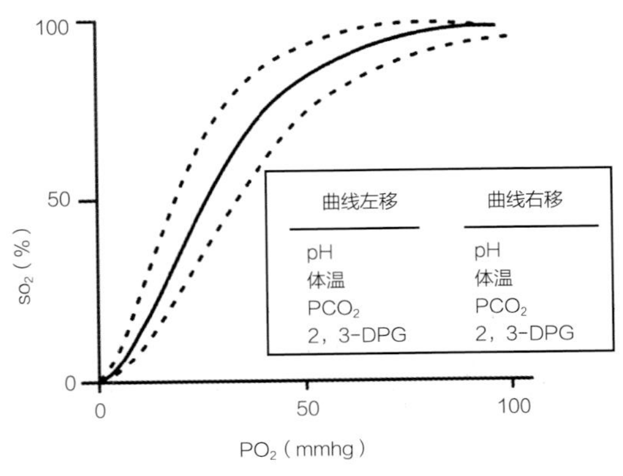

图1　血红蛋白解离图。2，3- DPG，二磷酸甘油酸（引自2010年《麻醉护理》第4版）

常见的测量部位包括黏膜（比如舌头、口腔黏膜）或分布在耳朵，肘关节后方，阴茎包皮，外阴褶皱，指间无毛区域的薄且无色斑的皮肤。对健康的动物来说，呼吸室内空气[氧气吸入量（FiO_2）为21%]是的血氧饱和度至少为96%。血氧饱和低于93%或94%的则需要进一步检查评估，并且通常需要人工供氧。血氧饱和度90%表明严重缺氧，于此结论一致的是血氧分压（PaO_2）在60mmHg（正常水平面数值范围为80 ~ 100mmHg）。

需要注意的是，血氧仪并不能区分含氧血红蛋白、碳氧血红蛋白（例如一氧化碳中毒的情况）、高铁血红蛋白（如，对乙酰氨基酚中毒的情况）、或氰化物中毒。值得注意的是，由于氰化物中毒降低动脉血的氧分回收，所以有可能导致血氧饱和度假性上升。因此血氧仪在一氧化碳中毒或高铁血红蛋白症中的应用效果是有局限的。严重的贫血、低血压或血管收缩都会导致血氧饱和度假性降低。深色皮肤会干扰光线穿透皮肤从而使数值读取变得困难。在血氧仪上的信号强度，探测出的心率和波浪式曲线时，应当随时进行评估（如进行对比）来确保数据分析的准确性。

动脉血气分析是直接评估肺功能的黄金准侧（氧化和换气）并且提供关于身体代谢性酸碱状态的信息。最常见的数据有酸碱度（pH），血氧分压（PaO_2），二氧化碳分压（$PaCO_2$），和碳酸氢盐离子（HCO_3）。血氧分压的的正常值为80-100mmHg（氧气吸入量为 21%）。二氧化碳分压的正常值为35 ~ 45mmHg。高级的血气仪还可以检测电解质，尿素氮（BUN），肌酐以及乳酸浓度。

常见的动脉血气取血部位为足背动脉，耳廓动脉，或股动脉。由于测量动脉血气需要特定姿势，则保定对已经呼吸困难的患病动物来说，会使病患更加紧张增加风险，所以有时用静脉血气代替动脉血气分析血液酸碱度（pH）、二氧化碳分压（PCO_2）、电解质和乳酸。当测量的血液流量足够情况下，静脉二氧化碳分压PCO_2通常和动脉二氧化碳分压PCO_2相差5mmHg，所以换气——不是含氧量——可以通过静脉血气分析来评估。上升的二氧化碳分压PCO_2表明换气功能受损并导致血酸，精神不振以及血管扩张。下降的二氧化碳分压PCO_2会出现在过渡换气的病患中或者表明不正常的气体交换。静脉血气VBG并不能正确的评估氧气含量，所以含氧量必须依靠动脉血气ABG分析。然而用静脉血气VBG结合血氧仪使用并依据血红蛋白解离图（图1）分析可以得到与动脉血气ABG相似的信息。

在吸氧的情况下检测动脉血气ABG时，正常的肺功能应该可以提供高于吸入氧含量五倍的氧气分压量PaO_2。例如，当呼吸的室内空气（氧气吸入量FiO_2 21%），氧分压 PaO_2应该在100mmHg（21 × 5=105mmHg）。在麻醉过程中（氧气吸入量FiO_2 100%），氧分压PaO_2应该在500mmHg（100 × 5=500mmHg）另一检测氧量的途径是计算肺泡—动脉（A-a）气体交换曲线（PAO_2 = [（P_B-PH_2O）× FiO_2]-$Paco_2$（1/RQ））（在此RQ是呼吸指数），或PaO_2：FiO_2比率。这些公式提供了一个更为客观的呼吸系统功能的评估。A—a转换率大于10 ~ 15mmHg或PaO_2：FiO_2 比率低于300mmHg的病患有呼吸困难需要进一步的干预，从简单的供养，到仪器辅助呼吸。这两个公式仅可以使用动脉血气ABG分析的数据。

2 心血管系统（循环）

对心血管系统的评估检测同样从亲手触诊检查开始，并需要规律性连续检测。检查应包括心动速度和节律、脉搏强度、粘膜颜色以及毛细血管回血时间。监测急诊病患的附加工具包括心电图（ECG）和血压仪。

心电图（ECG）通过连接在病患皮肤上的电极片记录心脏的活动，这有助于我们解读心脏活动是否正常，从而获得心脏收缩的信息。心电图（ECG）检测心率和心律，但是并不测量或评估心脏输出或者组织回流。

监测重症患病动物的重要环节之一就是在初期间歇的甚至连续性的测量心电图，尤其是对有心脏病、代谢疾病，癌症或有心律不齐危险的动物来说。心律不齐是由于不正常的脉冲引起心脏速率、节律、心搏激发、或心室和心房去极化的异常。如果心电图显示异常，兽医必须判定这不正常是由原生的心脏问题引起的不正常的脉冲发生和传导（比如心脏肥大），还是由系统疾病引起（比如脾脏摘除后出现的心室早搏），或者是由其他原因引起，比如电解质失调，缺氧，创伤或药物引起。

应该使用心电图（ECG）来监测心律失常，心动过缓，或心动过速。心动过速或过缓的心律不齐都会导致心输出减少（因为心室输出不足或充盈不足），并有可能导致充血性心律衰竭，并伴有器官衰竭（比如急性肾衰、“肠休克”）和突然死亡。表一列举了心动过速和心动过缓的例子。严重心律不齐的预后取决于病理原因和对治疗的反应。**通常来说，如果在心电图ECG上发现如下参数，应该马上进行处理：**

- 犬：心率低于50/min，或高于180/min
- 猫：心率低于120/min，或高于240/min
- 严重的心室早搏的表现为R—on—T现象（通常由严重的心室心律不齐比如室颤诱发）
- 心室性心跳过速大于180/min
- 脉搏骤停
- 低血压
- 临床表现为回血不良（例如毛细血管回血时间延长，精神沉郁）

在进行心律不齐检查时，一些常见的问题必须得到回答才能判断该心律不齐是否需要治疗：

①心律不齐是否对血流动力造成明显影响（例如导致心率变化、脉搏骤停、虚弱、衰弱、血压变化，以及导致以缺血相关的全

身性症状)?

②心律不齐是否会进一步导致病发和死亡(例如R—on—T现象,持续心室性心跳过速,心率大于180/min)?

③是否能够确立心律不齐背后的原因(例如高钾时T波比R波高)?

④开始治疗的风险是什么?是否利大于弊(要记得治疗心律不齐的方法本身就有导致心律不齐的可能)?

表1 心率不齐的种类

心动过速	心动过缓
房性心动过速	窦房结综合症
房室结心动过速	严重的二度房室阻滞
室性心动过速	三度房室阻滞
室性心颤	心房骤停
房性心颤	心脏停博

3 血压的监测

血压的监测是判断急诊或重症患病动物低血压或高血压的重要指标。在急诊室和重症监护室中常见的低血压通常由血容量过低、失血、脓毒病等引起,并且需要紧急救治以保证足够的组织充盈。然而在测量血压时,我们并不是在直接测量血管的充盈,而是在测定整体的组织充盈速度。这里的假设是,当病患的血压过低,将没有足够的血流过组织,会导致的组织充盈速度降低。

低血压主要的治疗方法应该依据其病因来决定,因为血压的影响因素很多(图2)。血容量低造成的低血压可以用静脉输液来纠正。用等渗性液10~30mL/kg或胶体注射液(如羟乙基淀粉)5~10mL/kg通过静脉输液15~30min,可以增加循环体液量从而改善血压。对于可能患有隐性心脏病的动物(比如慢行瓣膜性心脏病、心肌肥大或扩大)则需要谨慎的进行补液(比如在30~60min的时间段内补充少量的液体例如5~10mL/kg 等渗性晶体液 或2~5mL/kg胶体液)然后仔细检查,重新判断是否需要继续补液。大量补液并不适合所有的血容量过低而心脏功能正常的病患。

低压恢复补液是一种在手术前稳定那些不受控制的失血的病患的补液方法。在兽医临床中最常见的一种有量补液是渗透性低血压(permissive hypotension)。这种补液方式是指在明确的治疗控制出血前进行保守量的静脉补液,目标是保证收缩压在60~80mmHg之间。其目的是在不增加更多更严重的出血的同时为重要的器官提供足够的灌注。相反的,并不是所有的低血压都是血容量过低造成的,所以当循环液体量足够是,低血压就需要靠其他方法来治疗。正如正性肌力药物治疗比如多巴胺[5~20μg/(kg·min)],多巴酚丁胺[2~20μg/(kg·min)],或肾上腺素[0.05~0.4μg/(kg·min)]。

对高血压病患[平均动脉血压(MAP)>160mmHg 或收缩压>200mmHg]来说,有几点需要注意的事项,包括中毒(例如选择性5-羟色胺回收抑制抗忧虑药,安非他命)、兴奋、疼痛、潜在的代谢疾病(比如心脏病、肾病、肾上腺素分泌过高症、免疫性溶血性贫血),以及癌症(比如嗜铬细胞瘤),还有其他。这时也许需要使用谨慎的镇定/麻醉、抗焦虑药、血管扩张药、或血管紧张素转换酶抑制剂。如果高血压和中毒有关,并同时观察到兴奋,那么也许需要反复使用镇定,前提是病患心血管功能稳定(比如酚噻嗪类中毒)。对镇定/抗焦虑药无效的病患来说就需要使用抗高血压药物或其他心脏药物

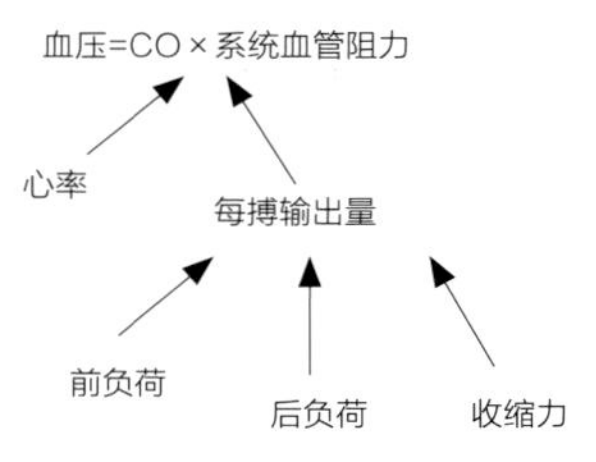

图2 心脏输出的决定要素:决定血压的中心要素是心缩排血量和心率。其中任一变化都会影响心脏输出血量

来预防血管损伤或继发性并发症（比如视网膜脱落）。

有几种测量血压的方法，包括测量直接动脉血压（DABP），多普勒血压仪，血压示波计；这个序列是按照准确性来排的。

3.1 监测直接动脉血压

对人医和兽医来说，直接监测动脉血压是测量血压的黄金标准并且能够帮助医生评估血压变化的趋势。这需要在脚背动脉中埋置动脉留置针。其他可以埋置动脉留置针的地方包括股动脉，和耳廓动脉。给重症病人埋置动脉留置针也使我们能够快速采血进行动脉血气ABG分析。

为了直接动脉血压监测（DABP），留置针必须与压力传感器和监测器连接，然后压力传感器将压力波转化为电波，并传导到显示器上。这个方法可以提供对收缩压、舒张压和平均血压的连续监测。我们必须意识到仪器会有错误信息出现，比如连接管折叠，留置针血块阻塞，连接管中有气泡，甚至留置针或疏通管损坏。还有一些埋置留置针的并发症，比如大出血（比如动脉线不小心脱落），在动脉穿刺点发生血肿、血栓（较常见于猫），留置针末端组织坏死（常见于猫病患埋针6～12h以上）以及感染。虽然有诸多优势，直接动脉血压监测（DABP）通常仅限于基本静止不动重症病患或麻醉病患（比如手术中或在接受人工辅助呼吸等情况），并且在实施动脉监测前要确保埋置动脉留置针是利大于弊。

3.2 无创血压监测

非介入性血压监测一般通过使用多普勒仪或示波计来测量，原理是给血压表套袖充气直到高于收缩压并阻隔动脉血流动，然后测量回血压。多普勒血压仪可以测量收缩压并且因其在犬猫等小型动物使用的准确率高，成为测量时的首选。多普勒血压仪包括一个探针、扩音器、扬声器以及充电电池。探针由两个压电晶体组成，一个用来在预设频率连续传递超声波，另一个晶体用来接收信号。多普勒是低血压或心律不齐或心率过速的病患的首选，因为示波计在这里是不准确的。放置一个大小适当的血压表套袖（大约四肢或尾巴周长的40%～60%）在多普勒探针前端。给套袖充气到大于预期的收缩压，直至声音信号消失。当信号消失时，套袖中的压力被逐渐降低。当动脉回血时，出现的脉搏音便指示收缩动脉压。

示波血压计用微处理器测量套筒（cuff bladder）中的波动。在兽医临床中使用的示波计的品牌有Dinamap（＝非直接非创伤性平均动脉压测量仪）以及Cardell。常见的套袖测量位置包括前肢肘关节下、后肢肘关节上、后肢肘关节下或尾根。套好套袖后充气，在微处理器读取压力波动时压力保持不变然后逐渐放气。在放气过程中微处理器测量压力并计算压力波振幅的平均值。最大振幅是平均动脉压（MAP）。收缩压是当波动首次被测量到的时候的压力值，舒张压是当波动迅速减少时的压力值。血压计测量出的心跳值需要和病患的脉搏值或听诊得到的心率对照以确保准确性；如果不符合则表明不准确。常见的出现错误的原因包括病患的肢体活动、心律不齐、心动过速，以及不正确的套筒尺寸。过宽的套筒会导致干扰性数值偏低，而过窄的套袖会导致干扰性数值偏高。

4 神经系统检查（机能障碍）

首要的神经系统检查应当同时包括颅外和颅内。对危及生命的损伤的颅外检查包括出血、呼吸困难和创伤。初步应用ABCDs判定疾病检查的防线可以更加迅速确定检查治疗方向和稳定急症的问题；所以全面的神经检查应在判定神经系统问题后进一步进行，而机能障碍依然属于最初急诊监测的检查范围。严重失血休克的病患会精神不济应该在补液过程中随时检查精神状态以判断机能障碍是否得到缓解。同时病患在镇痛前也应该进行适当的神经机能障碍检查，因为镇痛药物会影响神经机能检查的准确性。虽然最初的评估非常重要，一系列的评估能够帮助我们发现病患精神状态的变化。一旦发现，应该进行更加深入的病患评估并研究潜在的病因。一旦发现颅内问题会危及生命时，首先要确保维持脑灌注压（CPP）稳定并保证大脑的氧气供应。脑灌注压是颅内压和平均动脉压的压差，可以降低颅内压（如甘露醇等药物，或是抬高头部15°～30°）并且保持平均动脉压稳定（比如补液、供氧）。

在给急诊病患做神经检查时，可以使用修正版的格拉斯哥昏迷评分体系（Modified Glasgow Coma Scale简称GCS）。GCS是将神经功能量化从而意识指标、脑干反射，以及运动神经活动指标和姿势指标。每一个类别评分从1分到6分，6分代表正常，1分代表只能倚卧、无意识、无反射，瞳孔放大无反应以及无眨眼反射。当评分结束后，3个系统的分数分别相加。得到的总分对应未来48h预后，总分3～8分代表预后不良，9～14分需要谨慎处理，15～18分预后良好。但是临床医师在进行了初步对于神经损伤的动物评分并了解预后以后，也不能放松警惕，因为评测的结果只有随着时间推移，病程的进展才能够体现其价值。更多关于如何管理小动物病患的神经创伤的内容请参考文献。

对患病动物来说，神经检查／机能障碍评测中常见的变量有：

- **精神状态**

  警觉

  迟钝（呆滞的但是可以被无伤害的方法唤醒）

  麻木（半意识／昏睡，可以被刺激唤醒）

  昏迷（无意识，不能被刺激唤醒）

  脑死（无大脑皮层的电力活动，无脑干反射）
- **瞳孔：大小，对称，瞳孔对光反射**
- **眼珠震颤的出现和方向**
- **恫吓反射**
- **面部不对称**
- **姿势**
- **疼痛反应，有意识的本体反射，四肢的屈肌反射**

怀疑患病动物有颅内压增高时，需要谨慎并频繁监测心率和收缩压以便排除迅速发生的库欣反射（Cushing reflex）。库欣反射（也被称为升压反应）是指生理的神经系统对颅内压升压的反应，临床表现为急性心率缓慢和严重的高血压。从生理学来说，升高的颅内压导致脑脊髓液压增高。当颅内压高于平均动脉压时，大脑中的小动脉会被压迫。压迫阻隔大脑供血，进而导致脑供血不足。脑供血不足触发交感神经和副交感神经系统，从而导致动脉收缩，整体血流阻力增高并导致系统血压增高。系统性高血压的出现是代偿性机能，为缺血的大脑小动脉提供血流。颈动脉上的压力接受器探测到修正性的高血压然后通过迷走神经引发副交感神经反应导致心率缓慢。当看到库欣反射的临床表现时，动物还有出现脑疝的可能；综上所述，遇到这类情况需要临床兽医积极迅速的治疗（比如使用甘露醇）。

5 体温

对患病动物的体温监测可以提供有价值的信息，并不需要昂贵的仪器，常见检测肛温和腋下温度。如果用肛温体温计测量腋下温度，建议增加1华氏度使之接近肛温，因为这种方式并不准确。

出现肛温升高时，医生需要区分局部高温和真正的发烧。热量的平衡的是基于热量摄取和散热机能。热量摄取见于高新陈代谢、兴奋、肌肉收缩增加（比如发抖、癫痫），以及环境温度升高（比如中暑、被关在车里）。散热方式付诸行动，比如动物会寻找凉快的地方，张口喘气以及外周血管扩张。当热量摄取高过身体能够散热的能力，高温便会发生。引起高热的危险因素包括上呼吸道阻塞、喉麻痹、短鼻呼吸综合征、环境湿度高、和气管塌陷。然而体温升高需要与下面疾病鉴别诊断，如潜在感染、炎症、或癌变过程均需鉴别。发烧病因源于体内，所以患病动物仅仅物理降温是不能去除病因，高体温症则正好相反，应该及时外部物理降温。

当出现体温过高时，尤其是犬体温超过40～40.5℃或猫体温超过41.1℃时，需要实施迅速降温。高温可能导致肠系膜灌注降低和肠胃道损伤、吐血、便血、细菌转移、低血糖、弥散性血管内凝血、神经系统损伤、脑积水、出血以及癫痫。

对降温是最有效的降温方法，可以使用凉水（而非冰水）打湿病患然后用电扇吹风散热。我们并不支持使用冰块和冰水，因为这会造成外周血管收缩并不利于散热。为了防止回弹性低温，降温措施应该在体温达到39.4℃时停止。

虽然高体温症更常见于急诊病患，低体温症也同等令人担忧。应当鉴别排除外在因素或内在因素引起的干扰。如果是外在因素（比如因为冰块降温或麻醉期间体温流失等）造成的低体温症，则需要外部加温，相反的，如果是内部因素（比如严重脱水或血容量过低导致直肠区域血流不足）造成的低体温症应当根据原因来改善并加温，也就是说应当在加温的同时为病患静脉补液。

轻微低温的定义是体温在35.6～36.7℃之间，中级低温是指体温在34.4～35.6℃之间，严重低温是指体温在32.2～34.4℃之间。体温低于32.2℃的必须紧急处理因为会危及生病。严重低温可以导致心脏问题，血管扩张和血流减少。增温可以使用灌了热水的手套或瓶子，或加热垫。为了预防回弹性高温，加温应该在体温达到37.2～37.8℃时停止。

6 体重

住院患病动物应当每天至少一次称重（最理想是用同一个秤）。用公制单位记录体重更有易换算，比如1kg＝1 000mL。氮血症、少尿或无尿的病患应该每天至少称3～6次体重。这个简单易用的监测方法可以通过体重增加或减少来评估病患脱水状况。突然的体重变化是由体液平衡变化引起而非真正的体重。一旦补液，需要注意突然的体重增加可能是因为多余的积液（比如水肿）。相反的，如果体重突然减少则说明依旧有体液流失或脱水。比如，一个30kg的犬，脱水10%需要3L补液。按照1L＝1kg体重换算，经过合理补液这个病患的体重应该增加3kg。0.1kg体重变化等于100mL体液流失或获取。

7 排尿

排尿（UOP）是通常被忽视的重要工具，应该应用于管理重症病患或尿道阻塞病患。和体重监测一样，尿量也是评估脱水状态的重要数据。正常尿量值在1～2mL/（kg·h）。如果尿量减少到0.5mL/（kg·h），即便脱水状态和血液充盈正常，也会被定义为少尿。完全没有排尿则被定义为无尿。摄入液体量的测量通常比较容易，通过电子输液器就可以实现。相反，排尿量有可能是非精确的数值（比如在遛狗时目测排尿量或者估测犬舍内尿垫的湿度等）或者通过尿管尿袋这样的封闭收集系统测量尿量。一个封闭性集尿系统可以连续性的收集小便并和液体摄取做对比，从而最终评估体内体液平衡状况，因为摄入应当与流失一致以确保合理的平衡状况。

安置导尿管以及封闭性集尿系统并非完全零风险。医院环境细菌引发上行性尿路感染，以及麻醉风险和尿道损伤都有可能发生，虽然比较少见。安置导尿管需要严格的无菌操作，并在临床容许的情况下及时拆除以预防继发性感染。

除了尿量外，尿比重（USG）同样提供关于水合作用的信息。首先，尿比重应当在补液前测量；这有助于评估潜在的肾功能。在静脉补液后再次测量尿比重，因为持续失液的动物的尿液会浓缩形成高渗尿（猫>1.040，犬>1.025）。理论上，静脉补液的病患应该是等渗尿（尿比重 1.015～1.018），这表明了正确的补液。

水分摄入和排出的量，排尿次数、排尿量和尿比重应该用来综合评估病患的临床状况。高尿比重低尿排出量[尿比重1.038，尿排出量

0.5mL/（kg·h）]通常表明脱水，需要补液。相反的，如果尿排出量减少同时出现等渗尿或低渗尿[尿比重1.015，排尿量0.5mL/（kg·h）]则说明补液合理，正容量性氮血症病患可能需要利尿剂例如速尿或血管加压药（来提升肾脏血流）。在使用药物（速尿、甘露醇）增加尿排出量前，需要依据更多的检测结果（比如体检、血液稀释、体重增加、中心静脉压）来给动物合理补液；否则这些药物可能会因为尿排出量的增加而导致病患脱水。

8 最小数据监测

急诊室应该具备的最基本检测数据库，包括红细胞容积（PCV）、总物质（TS）、尿氮（BUN）、血糖（BG）以及血涂片。依据医院的条件以及病患的稳定性，更进一步的诊断可以包括电解质、肌酐、乳酸、静脉血气（VBG）、血氧、心电图（ECG）和血压。对静脉输液的动物应当测量日常基本的数据（如红细胞压积、总物质、血糖、尿氮）以及电解质（钠离子，钾离子）。有些变量曾经需要24h才能得到结果，而现在越来越多不同种类的快速测试仪器在私人医院中提供这些变量的快速检测。

9 乳酸

手持乳酸检测仪在急诊室和重症监护室中是一种便宜的point-of-care检测。高乳酸血症可以由低灌注，肝功衰竭，脓毒症，含有乳酸的补液，中毒，以及药物引起。高乳酸血症的定义是血乳酸水平高于正常值，通常高于2.5mmol/L。1990年间，最初的乳酸评估可以用来预后一些疾病，但是从那以来，我们鼓励使用一系列的乳酸测量来评估病患对治疗的反应。

10 凝血测试

凝血功能障碍常见于急诊病症。用来评估凝血系统的诊断手段包括凝血时间、凝血酶原时间、活化部分凝血活酶时间、血小板值以及二聚体。完整的血球计数和血涂片包括血红细胞形态评估可能展现红细胞碎片、裂细胞、红细胞大小不等症以及多染色性细胞增多。医院内可应用的凝血测试在兽医中也很便捷，而且对重症病患的诊断过程非常有用（比如长效抗凝血剂中毒，患有DIC的证据，对肝素治疗的反应）。

11 中心静脉压中心静脉压

中心静脉压（CVP），也被称为右心房压（RAP），是指胸主静脉的血压。中心静脉压（CVP）反映了流回心脏的血量以及心脏把血液打进动脉系统的能力（心脏前负荷）。一般来讲，埋置中心静脉留置针方法之一是经外周静脉将导管置入中心静脉（简称PICC）来测量中心静脉压（CVP），常用到的外周静脉是外颈静脉；还有个方法是在中侧隐静脉（猫）或外侧隐静脉（犬）安置PICC。必须注意的是，这个方法只有在确认患病动物没有腹腔高压的时候才可以使用。而且，准确的中心静脉压（CVP）测量值只有在PICC安置在和腹部一个水平并和心脏越近越好的位置才能用来估测出一个相对准确的右心房压。

中心静脉压（CVP）的测量是一个实用性强、操作简单的诊断监测工具，用来指导和监测输液疗法。对于潜在的补液过量、氮血症、无尿症病患格外有益。中心静脉压（CVP）受到血量、静脉张力和顺应性、心脏功能以及胸内压影响（比如当病患接受连续正向压助力呼吸时，中心静脉压（CVP）测量值是不准确的）。中心静脉压（CVP）可以用一个电压传感器或延长管和压力计来测量。中心静脉压（CVP）正常值范围在0～5cm H_2O 或0～10mmHg。

中心静脉压（CVP）明显升高（>15cm H_2O）暗示心脏压迫、右侧性心力衰竭，或潜在的留置针安置错误。一般来说，仅仅测量一次中心静脉压（CVP）是不全面的不能判断整体的循环系统运行状态的，而反复测量中心静脉压（CVP）在补液监测时十分必重症监护室监护的每一例病患对于急诊室和重症监护室来说都是一次挑战。当人们听到“监测”一词立即会联想到各种仪器。监测仪器并不能够代替临床检查对于病患动物的评估。对于患病动物进行人工监测是对病情严重程度和后续临床兽医护理的重要参考，据此才能更有针对性的制定出最优的诊断和治疗方案。

要，因为这能建立其变化趋势从而更好的为评估心血管循环状态提供实用的信息。静脉补液中静脉容量增加，于是静脉回血和中心静脉压（CVP）会同时升高。在一次大量的补液时，如果患病动物是血容量正常且心脏功能正常时，中心静脉压（CVP）会暂时升高（2～4mmHg）然后在15min内恢复正常；然而此时，如果中心静脉压（CVP）的升高幅度不到2～4mmHg或没有升高则暗示血管容积降低（也许需要增加补液量）。如果在一次大量给液后，中心静脉压（CVP）大幅上升（>4mmHg），则说明心脏适应性降 低或静脉血容量升高（或两者同时出现）。

12 二氧化碳图谱

二氧化碳图可以测算出呼气末二氧化碳（$ETCO_2$）浓度，以此估算肺泡中二氧化碳浓度。二氧化碳图使用红外光在特定波长照射混合气体后通过光谱吸收来判断二氧化碳量。二氧化碳可以轻易的渗透毛细血管壁，快速与肺泡气体交换达到平衡，所以呼气末二氧化碳（$ETCO_2$）与动脉二氧化碳值非常接近，于是可以用来判断换气。然而，当死腔换气升高（例如由于肺萎缩或肺硬化造成的严重的换气-灌注失调），呼气末二氧化碳（$ETCO_2$）的低值是不准确的。二氧化碳 痫病患的换气状况还是十分有用的（比如一只因为抗痉挛治疗而被深度镇定的犬病患）。

13 胶体渗透压COP

胶体渗透压COP，也称为膨胀压，可以被测量和应用于指导补液疗法。COP是血管中无法自由在毛细血管中活动的大分子血浆蛋白质产生的压力。正常COP值在18～25mmHg。一个渗透压计可以测量胶体渗透压COP。在测量中，动物的血浆被挤压过渗透压计上的膜，传感器接收在血样箱中分子产生的压力，然后转化成电能并以毫米汞柱的形式呈现。胶体渗透压COP值低表明低渗的状态（比如失蛋白肾病、失蛋白肠胃病、脓毒症、肝脏衰竭），并且应该为患病动物补充更多的人工胶体液（比如羟乙基淀粉）或白蛋白。关于此项更多内容请参考相关小动物急诊补液疗法：晶体液、胶体液和白蛋白制剂的文章。

总结

处理急诊或重症病患需要及早发现危及生命的问题（比如使用ABCDs法）然后有针对性的使用一系列测量和监测。当危重紧急的情况发生时，临床兽医应该随时准备对策，防止患病动物进一步恶化。提高急诊患病动物治疗成功率的最佳方法就是连续性监测和不断调整动物状态评估，从而调整使用更加适合的诊断治疗方法。

审稿：施振声　中国农业大学

（参考文献略，需者可函索）

兔子、豚鼠和龙猫的常见急症
Common Emergencies in Rabbits, Guinea Pigs, and Chinchillas

译者：郭馨阳*
原文作者：Julie DeCubellis
选自：北美兽医临床，2016（19）

主要内容：
● 临床上小型草食性稀有动物的很多疾病都与饮食不当和饲养管理不良有关；
● 饮食里缺乏粗糙的、高纤维的牧草会导致牙齿的疾病和不正常的盲肠发酵，造成微生态失衡、肠炎、胃肠阻滞和/或威胁生命的肠梗阻或者肠扭转；
● 兔子和啮齿类动物对抗生素和糖皮质激素异常敏感，因此在选择药物的时候一定要根据每一个品种选择合适的药物。

关键词：兔子，龙猫，豚鼠，急症

1 简介

兔子、豚鼠和龙猫都是草食性后肠发酵的小型稀有动物，也是很常见的宠物。尽管它们有不少的相同点，但是这些物种的每一个都进化出了不同的特点以适应相对而言比较恶劣的食草性的生活环境。在这些动物身上常见的疾病经常与不合适的生活环境有关系（小的笼舍、通风条件差、低纤维而缺乏磨损的饮食结构），疾病也和笼养动物增长的寿命相关（慢性疾病、免疫抑制、感染）。因为它们是被捕食的物种，这些动物经常会隐藏自己的疾病，因而在疾病发展的后期会突然出现一些通常和慢性问题（饮食差、牙齿疾病）和亚慢性问题（微生态失衡、肠炎）等相关的急性症状（厌食）。这篇文章着重强调在兔子、豚鼠、龙猫等一些常见的急诊问题，并对不同的动物各有侧重。对于急性创伤和休克的管理在相邻的文章里面有叙述（见北美兽医临床兽医临床稀有动物分册，家兔休克的生理及治疗）

2 口腔和胃肠道疾病

2.1 厌食和微生态失衡

后肠发酵的小型食草性动物厌食可能是多种疾病的结果，从牙齿的疾病和咬合不正、慢性胃肠道失衡，到不正常饮食导致的营养缺乏、抗生素使用、疼痛情况、环境压力和急性创伤性事件，比如胃肠道阻滞、肠梗阻，胃肠道扩张、阻塞和肠道扭转。厌食的发生，即使这个症状是慢性疾病导致的症状，对于这些动物来说都是急诊，因为胃肠道阻滞、水合电解质的失衡和脂肪肝都会发展非常迅速而导致进食的停止。

兔子、豚鼠和龙猫的肠道都进化为后肠

译者简介
郭馨阳　北京荣安动物医院 anny_gxy520@163.com。

段（盲肠）发酵以适应粗糙的、高纤维量的牧草。尽管不同物种有些许的不同，但它们在盲肠道里面含有足够的革兰氏阳性微生物混合着一些厌氧细菌和少量的共生真菌和原虫。发酵过程提供了葡萄糖、乳糖并且是重要的挥发性脂肪酸的来源。除了有丰富的干的粪便颗粒，这些动物还会不间断地排出营养丰富的盲肠便并且会被及时吃掉。肠道微生物的改变，从包含低纤维的高碳水化合物的不合理的饮食，或者因为牙齿的问题不能摄入粗糙的食物，或者因为抗生素相关造成的微生物减少（青霉素、杆菌肽）都会导致机会致病性病原体的过度生长（脑包内原虫、铜绿假单胞菌、梭菌等）或者微生态的失衡。这些致病病原微生物的过度生长会导致继发性的肠炎或者肠毒血症，特别是幼年或者免疫抑制的动物。

微生态失衡的胃肠道发酵效率低下，导致梗阻以及过度产气。因为兔子、豚鼠和龙猫的胃食道结合部缺乏一些连接的主要的肌肉，使它们无法呕吐或者逆流，过度产生的气体会在它们的胃中停滞导致胃扩张。兔子胃中会有一些未消化的食糜和被毛，在正常胃液产生和肠道蠕动的作用下这些物质会排出体外。在低活动力的胃肠道中继发有内容物的脱水，使得这些未消化的物质和被毛会固缩形成一个团块导致梗阻。梗阻最常见的发生部位发生于迴盲肠结合部：圆形囊泡。豚鼠的气体扩张会发展成为危及生命的胃肠扭转。

2.2 牙齿疾病

兔子、豚鼠和龙猫有一直持续生长的（elodent）牙齿，牙冠长（hypsodont）并且没有解剖意义上的齿根（aradicular）。现在因为增长的寿命和作为宠物的时候增多的兔粮和减少的磨损的饮食结构，它们的牙齿（特别是臼齿和前臼齿，或称为后牙）并没有得到有效的磨损，因而大的牙釉质沉积形成或者形成牙刺，因而造成咬合面的异常妨碍咀嚼，舌面和颊面黏膜的创伤，甚至造成舌头卷入牙齿。根部的牙冠长入上颌骨还会导致骨头的严重重塑，造成鼻腔鼻窦的并发症。继发感染和脓肿形成非常常见，而且在长毛的品种里面这些变化很难被注意到。豚鼠的维生素C缺乏还会加重牙齿疾病的发展，因为这会使得齿龈和牙周韧带变得脆弱。有牙齿问题的动物更喜欢吃软、低纤维的食物，这些食物会加重胃肠道梗阻和微生态失衡。而且，没有进行仔细咀嚼的食物还容易在食道中形成食道梗阻，特别是龙猫。

2.3 厌食的评估

评估厌食的动物需要有详细的临床病史，包括饲养方式、平时接触的动物、饮食和排泄等。开始分诊的时候需要识别出病得非常严重的动物（精神沉郁、不动、侧躺着）并且可能需要极端的复苏手段或者手术干预。大多数厌食的动物都会显得嗜睡、消瘦伴有被毛粗乱（图1）。需要注意的是，生病的豚鼠一般来说对临床检查不耐受，甚至可能在检查的时候很快出现心肺骤停的情况（见图2，保定和采血技巧）。

除了基本体征的检查（见表1的参考值），详细的检查还应该包括用检耳镜或者鼻腔镜进行口腔检查，前提是动物的耐受。因为它们的体型很小，在没有进行镇定的动物进行检查十分困难，并且检查结果阴性并不能排除一些潜在的牙科疾病。兔子中很常见因为牙齿过长导致的黏膜面溃烂，上面的臼齿通常往外长形成牙刺划伤颊黏膜，下面的臼齿通常往中轴线生长形成舌面溃疡（见图3B）。兔子的切齿咬合不正同样也很常见，更容易被主人发现（图3A）。豚鼠里，大量的黏膜皮肤皱褶和常见的食物残渣（不是指压紧的食物残渣）使得临床检查非常困难。切齿的咬合不正通常预示着臼齿的咬合不正，并且通常比较难以觉察。脆弱的黏膜组织伴发牙齿松动应该立即评估是否存在维生素C缺乏症（跛行、关节和软组织的血肿、腹泻等）。牙根脓肿通常可以见到面部的肿胀甚至眼球突出（图3C）。不同于兔子或其他啮齿类动物的是，龙猫的牙根的延展会很明显，牙冠的磨损会非常不均匀，导致上颌部骨头的损伤和鼻窦腔疾病或者泪腺的疾病，甚至一些轻微的咬合不正。在一些龙猫中，可以找到很多记录关于发展出不同牙齿疾病的基因倾向性。完整的牙齿评估包括多个方位的拍片检查，以及/或者断层扫描，这些可以在转诊中心进行。

腹腔的检查和图像诊断在帮助鉴别诊断腹部轻微的梗阻相关的疾病还是严重的需要减压的胃肠扩张，或是急性梗阻的时候会很重要。在对腹腔进行触诊的时候，需要检查是否有粪便颗粒的存在以及粪便的质感（图4）。梗阻的情况，粪便的颗粒会减少并且通常颗粒很小、硬而且形状不规则。急性梗阻的时候，粪便量会大量减少甚至没有粪便排出。梗阻的时候也可以见到直肠垂脱，特别是龙猫中常见。在兔子中，面团样手感的腹部触诊一般预示着胃中存在着毛团或者纤维（而不是梗阻）。胃可能比较满，但是触诊的时候内容物仍然是可压缩的。小肠中有少量气体是正常的，但是扩张的坚硬而不可压缩的胃（一般来说就在肋骨的下方）预示着胃扩张甚至是梗阻。在这些病例中也有可能触诊到小肠中充满了气体或液体。在脂肪肝的病历中也有可能存在肝脏增大的情况，而肝脏扭转造成的急性厌食和梗阻非常少见。

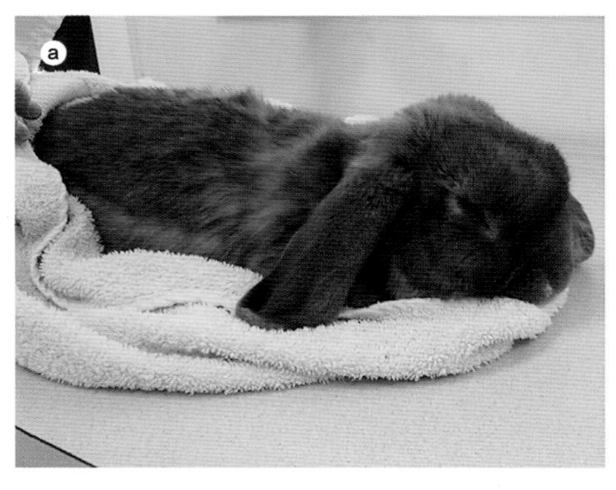

图1　病情严重时的表现
a. 有异物阻塞的兔子表现为不愿意动，对互动基本没有反应，并且被毛粗乱
b. 有呼吸窘迫的兔子会张嘴呼吸并且可以见到鼻翼扇动

腹部拍片检查用于检查肠道阻滞和梗阻，兔子的胃和盲肠一般会包含一些未消化的食糜和少量气体，但是大量的食糜或者胃内容物周围聚集大量的气体表明有梗阻（图5）。小肠梗阻时会弥散性扩张，尽管这时候肠道的宽度小于第二腰椎椎体的2倍宽度。如果是单纯的胃扩张，小肠的气体分布可能是正常的样子。如果是急性的梗阻，胃可以扩张到肋骨下方（图6）。在小肠阻塞的近段一般可以见到显著的气体充盈，而远端一般不会有气体，但是这个现象在回盲肠结合部并不是很显著。豚鼠中如果见到大量的胃胀气（特别是如果有胃远端或右侧旋转），而肠道并没有很多气体的话一般预示着有胃胀气合并扭转（图7）。尽管临床检查和影像检查在鉴别阻滞和梗阻的时候有很大帮助，但是诊断很困难，并且应该记住真正的梗阻比较少见并且外科手术对于这些危重的动物是很危险的操作。

还应该诊断性评估（表2有参考值）来决

定阻滞的病因学和疾病的严重程度。这些包括完整的血液学检查（贫血、血小板减少、感染），生化检查（氮质血症、肾功能障碍、脂肪肝、酮血症），和尿检。也可以对机会致病性病因进行粪便检查和培养，但是对于结果的解读可以很困难因为机会致病性病因也会是正常的寄宿者。

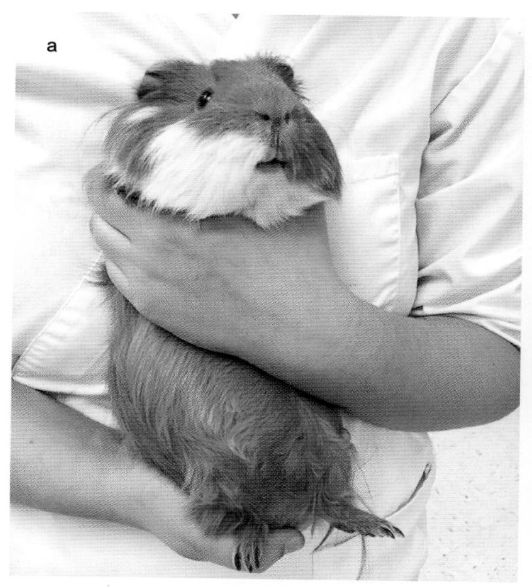

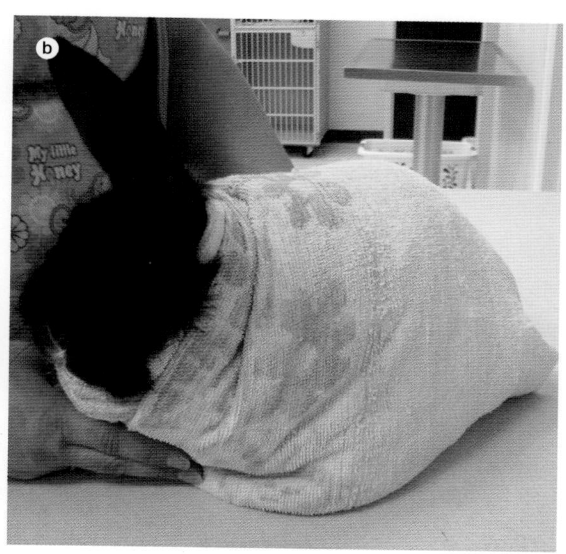

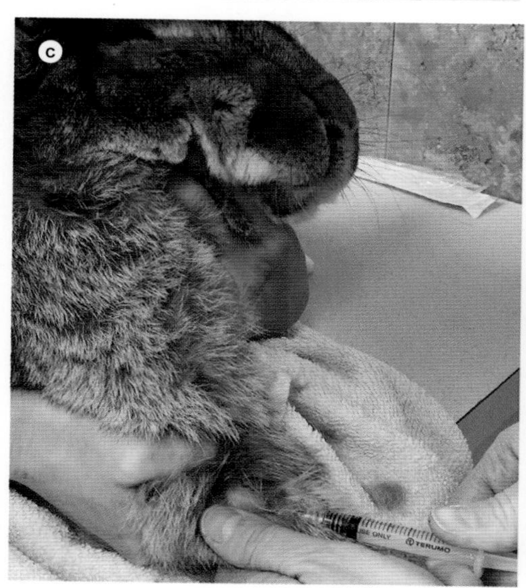

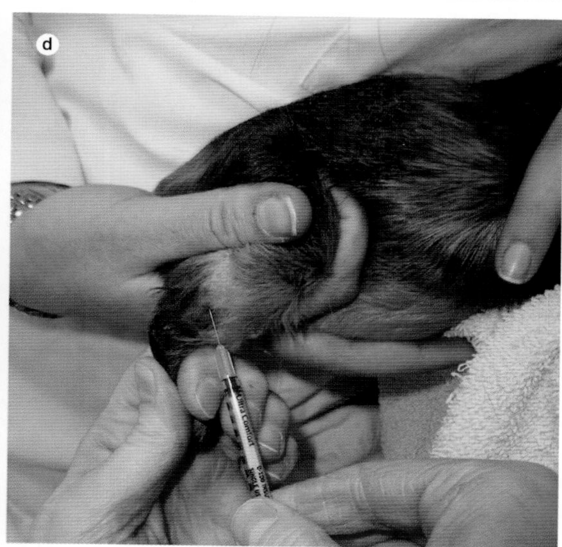

图2 病保定、操作和静脉采样示范。兔子、龙猫和豚鼠是对临床检查和临床操作有高应激反应的动物，所以在处理的时候我们需要优化检查程序，优先选择需要的检查手段并且在过程中减少动物的应激。它们有非常强壮有力的后肢而且相对而言它们的骨骼很脆弱，所以不当的后躯保定经常会引起后肢骨折甚至脊椎骨折

a. 豚鼠的保定，用一只手放在豚鼠的胸部并且用另一只手托住豚鼠的后躯和后肢

b. 用毛巾对兔子进行保定（兔卷）是面部检查、牙科检查、给药和注射器喂食的很好保定方式

c. 兔子的静脉血液采集

d. 豚鼠外侧隐静脉血液采集。常用的采样部位包括了外侧隐静脉、头静脉、股静脉、颈静脉和耳缘外静脉

表 1 正常生物学和生理指标参考

参考范围	兔子	豚鼠	龙猫
成年动物的体重	雄性：1.5 ~ 5.0kg 雌性：1.5 ~ 6.0	雄性：900 ~ 1200g 雌性：700 ~ 900g	雄性：450 ~ 600g 雌性：550 ~ 800g
出生体重（g）	30 ~ 80	60 ~ 100	30 ~ 50
直肠温度（℃）	38.5 ~ 40	37.2 ~ 39.5	36.1 ~ 37.8
心率（次 /min）	130 ~ 325	230 ~ 380	100 ~ 150
呼吸频率（次 /min）	30 ~ 60	40 ~ 100	40 ~ 80
寿命（年）	5 ~ 6（可活至 15 岁）	4 ~ 5	8 ~ 10
性成熟年纪（雄性）	6 ~ 10 月	90 ~ 120d	240 ~ 540d
性成熟年纪（雌性）	4 ~ 9 月	60 ~ 90d	240 ~ 540d
繁殖周期	诱导排卵	-	-
妊娠期（d）	29 ~ 35	59 ~ 72	105 ~ 115
产仔数目	4 ~ 10	2 ~ 5	2 ~ 3
断奶	4 ~ 6 周	14 ~ 28d	36 ~ 48d

2.4 阻滞和梗阻的治疗

急性梗阻的治疗应该根据急性程度稳定病患、纠正体液丢失、提供止痛并且进行减压。仔细监控生命体征（收缩压）并且放置静脉留置针或者骨内留置针并且给予等渗晶体液[高达100mL/（kg·h）来稳定，兔子和豚鼠的给药参见表3]来纠正低血压，氧气，以及阿片类药物止痛（丁丙诺啡0.03 ~ 0.05mg/kg，每6 ~ 8h，或脱水吗啡每8h 0.1mg/kg）。消除泡沫的物质，比如二甲基硅油（70mg/kg，每小时，可以重复3次给）有时候会用到，然而它们的效果有时候比较有争议性。可以在兔子轻微镇定的时候用鼻饲管对兔子胃内胀气进行减压（咪达唑仑0.2 ~ 1mg/kg，肌肉内注射/静脉注射），因为经皮肤用套管针进行穿刺很有可能使得胃破裂。对于胃扩张扭转的病例来说，手术一般成功率不高，并且预后一般不良。有长期回肠和/或团块内容物的兔子，开腹手术有可能是需要的。

非梗阻性阻滞的治疗取决于疾病的严重程度和症状持续的时间。如果只是食欲减轻动物稳定而且没有证据显示有梗阻存在，那么这个动物可以在家进行治疗。可以进行皮下输液纠正体液丢失，每6 ~ 12h皮下/口服胃肠动力药（胃复安0.5mg/kg，或者每8 ~ 12h口服西沙比利0.5mg/kg），并且提供容易消化的高纤维的食物（如草粉、默多克、NE）添加在它们的正常日粮中。如果厌食的时间更久一些，但是动物比较稳定，需要将动物收留住院进行生命体征的监控、需要更进一步的支持治疗并且静养。除此以外，需要给动物维持液体治疗[100 ~ 120mL/（kg·d），静脉，或者分成每8h皮下给予]，止痛（丁丙诺啡0.01 ~ 0.05mg/kg，SC/IV/IM，每6 ~ 12h），并且治疗可能存在的胃溃疡（每12h口服/皮下雷尼替丁2 ~ 5mg/kg，或每24h口服或静脉奥美拉唑0.5 ~ 1.0mg/kg）。除此以外，需要用草食动物草粉给动物补充营养（澳宝草食动物危重营养，默多克，NE；15mL/kg每8h一次用注射器喂食，见图8），或者如果动物不接受注射器喂食，需要放置鼻饲管并且在接下来的几天里提供肠内营养（175kcal/d，成兔，用50%水稀释，每6h 20mL）。一般来说，生病的动物因为显著的微生态失衡和肠炎需要合并使用抗生素来控制革兰氏阴性菌。在细菌培养结果出来前可以经验性使用抗生素（每12h使用硫酸甲氧苄啶30mg/kg，每12h使用甲硝唑20 ~ 30mg/kg，或每12 ~ 24h使用恩诺沙星10 ~ 20mg/kg）。根据我们的经验，豚鼠或者龙猫不应该使用青霉素。对于寄生虫性肠炎，除了治疗外同样需要进行肠道抗菌药配合（每12～24h口服甲硝唑20～30mg/kg，连用5d；每24h口服芬苯达唑20～50mg/kg，连用5d；每12～24h口服硫酸甲氧苄啶30mg/kg，连用5～10d）。如果豚鼠有临床症状，需要补充维生素C（每天使用50～100mg/kg）。如果动物是非阻塞性梗阻，在治疗开始后12～24h应该会见到有一些临床症状的改善，会有粪便的排出，然而显著的临床改善可能需要持续治疗数天后才会出现。

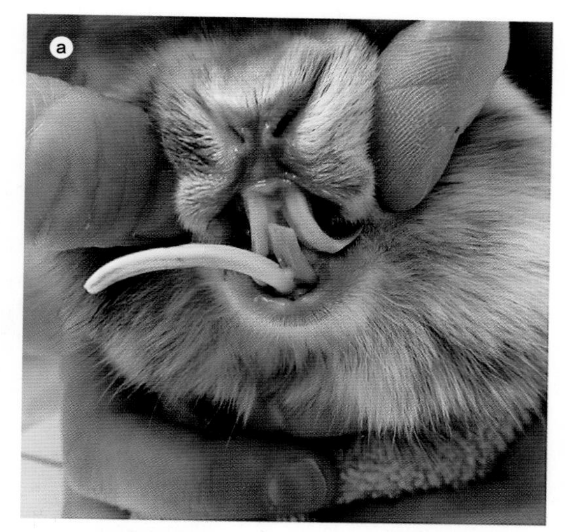

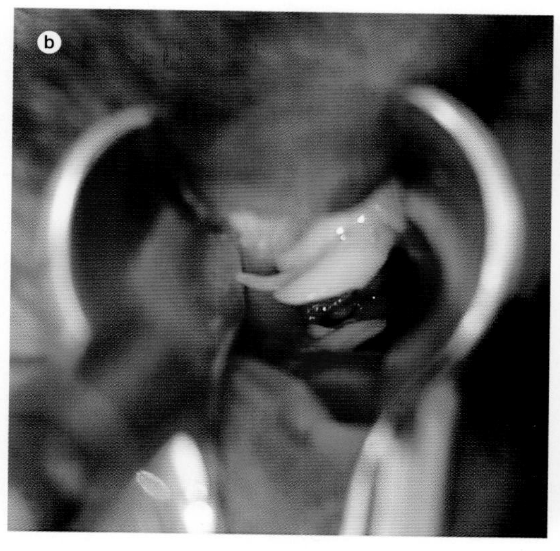

图3 严重的牙科疾病需要镇静后进行影像学检查，牙科检查和外科治疗
a. 兔子的切齿咬合不正，切齿咬合不正通常预示着臼齿咬合不正的存在
b. 咬合不正的兔子口腔检查照片，可以见到舌面（下方）和颊面（上方）的增长
c. 豚鼠的齿根脓肿

图4 正常（左）粪便和不正常的兔子粪便（右）。胃肠动力低下通常导致排除少量小、硬、干的粪便而且经常形状不规则

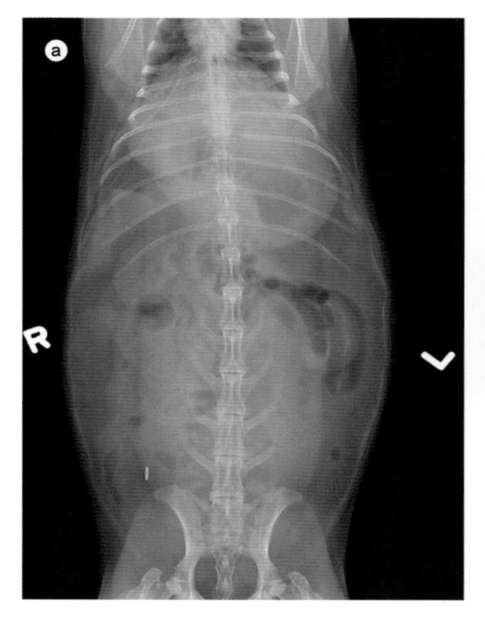

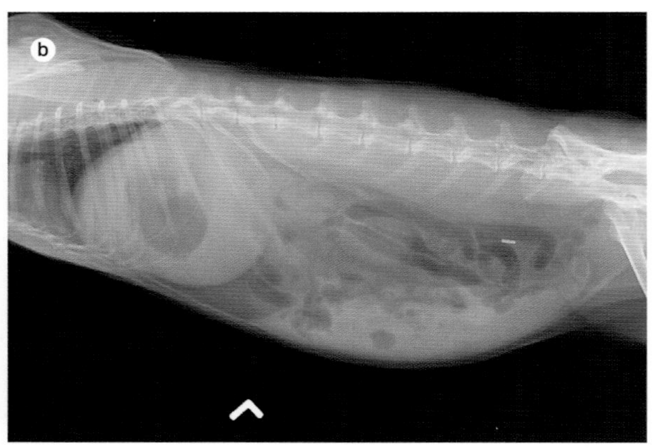

图5　继发于牙科疾病导致胃肠阻滞的兔子正（a 腹背位）侧（b）位X线片。注意观察胃扩张并且可以见到未消化的食糜，在肠道中可以见气体

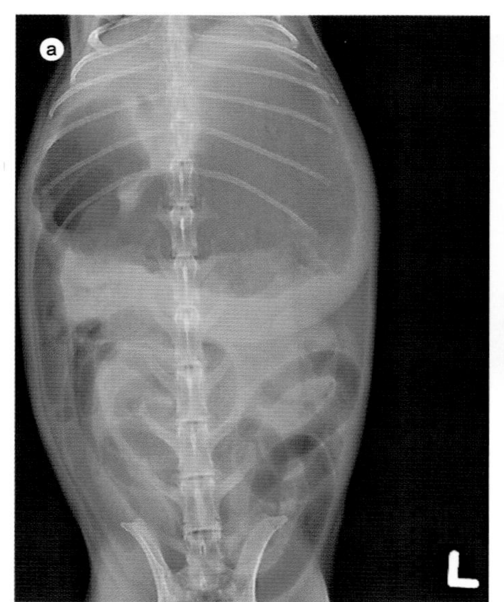

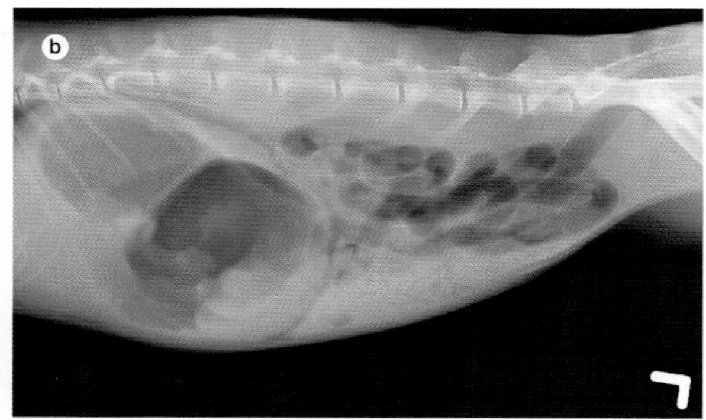

图6　因为毛团导致急性胃肠梗阻的兔子腹背位（a）和侧位（b）X线片，注意严重扩张的胃肠道里面有气体和液体

兔子、豚鼠和龙猫有一直持续生长的（elodent）牙齿，牙冠长（hypsodont）并且没有解剖意义上的齿根（aradicular）。

兔子豚鼠和龙猫的胃食道结合部缺乏一些连接的主要的肌肉，使它们无法呕吐或者逆流，过度产生的气体会在它们的胃中停滞导致胃扩张。

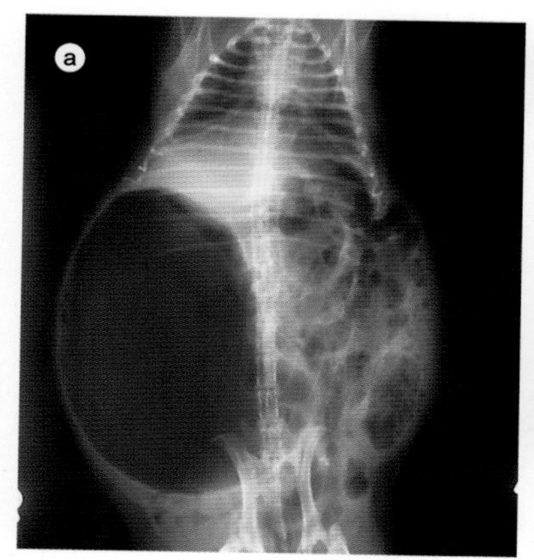

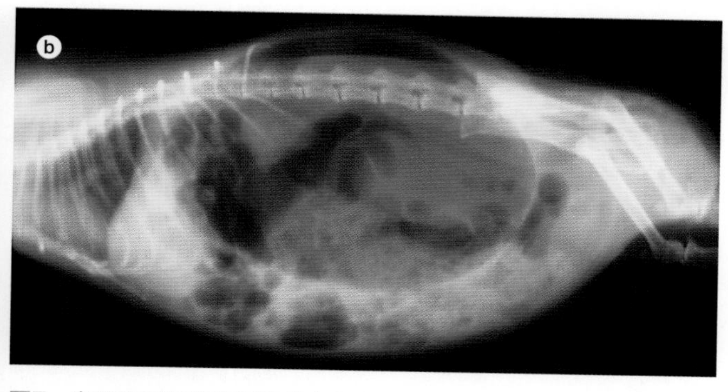

图7 有严重胃肠扩张扭转综合征的豚鼠的腹背位（a）和侧位（b）X线片。胃扩张严重甚至占据了整个右侧腹腔

表 2 兔子和啮齿动物的血液和生化指标参考

测量值	兔子	豚鼠	龙猫
红细胞压积 %	30 ~ 50	35 ~ 45	27 ~ 54
红细胞 $10^6/\mu L$	4 ~ 8	4 ~ 7	5.6 ~ 8.4
血红蛋白 g/dL	8 ~ 17.5	11 ~ 17	11.8 ~ 14.6
白细胞 $10^3/\mu L$	5 ~ 12	7 ~ 14	5.4 ~ 15.6
中性粒细胞 %	35 ~ 55	20 ~ 60	39 ~ 54
淋巴细胞 %	25 ~ 60	30 ~ 80	45 ~ 60
单核细胞 %	2 ~ 10	2 ~ 20	0 ~ 5
嗜碱性粒细胞 %	0 ~ 5	0 ~ 5	0 ~ 5
嗜碱性粒细胞 %	2 ~ 8	0 ~ 1	0 ~ 1
碱性磷酸酶，U/L	4 ~ 70	–	6 ~ 72
丙氨酸转移酶，U/L	14 ~ 80	10 ~ 25	10 ~ 35
淀粉酶，U/L	200 ~ 500	–	–
天冬氨酸氨基转移酶，U/L	14 ~ 113	–	96
碳酸根，mmol/L	16.2 ~ 31.8	–	–
胆汁酸，μmol/L	<40	–	–
胆红素，总，mg/dL	0 ~ 0.75	0.3 ~ 0.9	0.6 ~ 1.3
钙，mg/dL	8 ~ 14.8	7.8 ~ 10.5	5.6 ~ 12.1
氯，mmol/L	92 ~ 112	98 ~ 115	108 ~ 129
胆固醇，mg/dL	12 ~ 116	20 ~ 43	50 ~ 302
肌酐，mg/dL	0.5 ~ 2.6	0.6 ~ 2.2	0.4 ~ 1.3
葡萄糖，mg/dL	75 ~ 150	60 ~ 125	109 ~ 193
磷，mg/dL	2.3 ~ 6.9	5.3	4 ~ 8
钾，mmol/L	3.5 ~ 7	6.8 ~ 8.9	3.3 ~ 5.7
总蛋白，g/dL	5.4 ~ 7.5	4.6 ~ 6.2	3.8 ~ 5.6
白蛋白，g/dL	2.5 ~ 5	2.1 ~ 3.9	2.3 ~ 4.1
球蛋白，g/dL	1.5 ~ 3.5	1.7 ~ 2.6	0.9 ~ 2.2
钠，mmol/L	138 ~ 155	146 ~ 152	142 ~ 166
甘油三酯，mg/dL	124 ~ 156	0 ~ 145	–
尿素氮，mg/dL	15 ~ 50	9 ~ 32	17 ~ 45

表 3 兔子和龙猫常用药

药物	兔子剂量	啮齿类剂量
	抗生素	
恩诺沙星（拜有利，拜耳）	5 ~ 10mg/kg，PO，SC，IM 每 12h，限制或者稀释皮下注射或者肌内注射（坏死）	5 ~ 20mg/kg，PO，SC，IM，每 12h，限制或者稀释皮下注射或者肌内注射（坏死）
苄星青霉素 G	42 000 ~ 8 4000IU/kg，SC，每 7d，不要给兔子口服青霉素	22000IU/kg，IM 每 24h，不要给豚鼠用青霉素，小心使用于龙猫
甲硝唑	20mg/kg，PO 每 12h 40mg/kg，PO 每 24h	10 ~ 20mg/kg PO 每 12h 用于龙猫可以见到食欲减少
硫酸甲氧苄啶	15 ~ 30mg/kg，PO 每 12h 30mg/kg，SC，IM 每 12h SC 可能会导致坏死	15 ~ 30mg/kg，POD，SC，IM 每 12h，SC 可能导致坏死
	抗寄生虫药物	
芬苯达唑	20mg/kg PO，每 24h 连用 28d（兔脑胞内原虫的剂量） 偶有再生障碍性贫血和关节炎的报道	20 ~ 50mg/kg，PO，每 24h 连用 5d（抗原虫的剂量）
伊维菌素	20 ~ 50mg/kg，PO，每 24h 连用 5d（抗原虫的剂量） 0.2 ~ 0.4mg/kg SC，每 10 ~ 14d 0.4mg/kg，体外寄生虫	0.2 ~ 0.4mg/kg SC，每 7 ~ 14d 0.4mg/kg，体外寄生虫
甲硝唑	20mg/kg，PO，每 12h （抗原虫剂量）	25mg/kg，PO，每 12h 用于龙猫可以见到食欲减退
塞拉菌素（大宠爱，辉瑞）	12mg/kg，在颈部局部外用药	6mg/kg（龙猫） 20 ~ 30mg/kg（豚鼠）
	止疼药	
丁丙诺芬	0.01 ~ 0.05mg/kg，SC，IV，IM 每 6 ~ 12h	0.05 ~ 0.1mg/kg，SC，每 6 ~ 12h
美洛昔康（博林格）	0.3mg/kg PO，每 24h，连用 10d	≥ 0.5mg/kg，POD，SC，每 24h
眼科用药		
丙氟哌酸，0.3%（Ciloxan，Alcon）	眼睛外用药，每 8 ~ 12h	眼睛外用药，每 8 ~ 12h
酮咯酸氨氨基丁三醇，0.1%（NSAID）	眼睛外用药，每 8 ~ 12h	眼睛外用药，每 8 ~ 12h
	胃肠用药	
活性炭（1g/ml 水）	1g/kg，PO，每 4 ~ 6h	1g/kg，PO，每 4 ~ 6h
二甲基硅油	65 ~ 130mg 每 1h，连用 2 ~ 3 次，视情况需要使用	70mg/kg，每 1 小时，连用 2 ~ 3 次，视情况需要使用
西咪替丁	5 ~ 10mg/kg，PO，SC，IM，IV 每 6 ~ 12h	5 ~ 10mg/kg，PO，SC，IV，IM 每 6 ~ 12h
雷尼替丁	2 ~ 5mg/kg，PO，SC，每 12h	2 ~ 5mg/kg，PO，SC，每 12h
胃复安	0.2 ~ 1mg/kg，PO，SC，每 6 ~ 8h	0.2 ~ 1mg/kg，PO，SC，IM，每 12h
西沙比利（Janssen）	0.5mg/kg，PO，每 8 ~ 12h	0.5mg/kg，每 8 ~ 12h
乳酸林格液	100 ~ 150ml/kg/d，恒速推注或者分开每 6 ~ 12 小时皮下注射（维持液体）	50 ~ 100ml/kg/d，恒速推注或分开每 6 ~ 12h 皮下注射（维持液体）

注：IM，肌内注射；IV，静脉注射；NSAID，非甾体类抗炎药；PO，口服；SC，皮下注射。

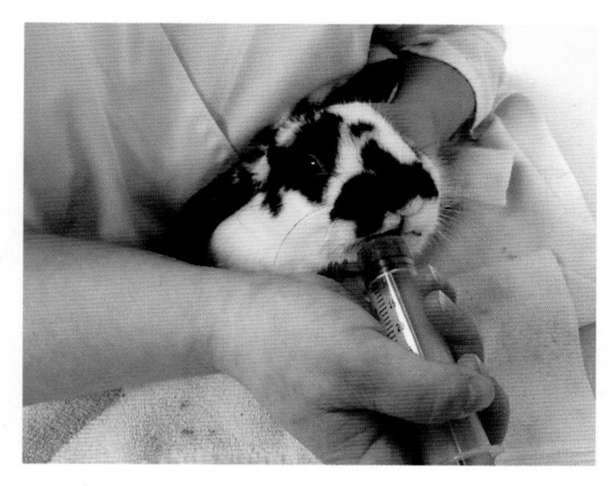

图8 注射器喂食兔子的技巧演示

3 呼吸系统疾病

兔子是一定要用鼻孔进行呼吸的动物，所以即使只是上呼吸道的问题都可能导致很严重的呼吸抑制。感染通常由过长的牙齿突入鼻腔直接导致，也有可能是鼻腔异物（食物），或者是共生细菌的过度生长导致的，最值得一提的是多杀氏巴氏杆菌或者支气管博代氏菌。生活环境不干净的兔子最有可能有机会致病菌的过度生长（过度拥挤、暴露在高浓度的氨和灰尘环境中），同样常发于幼年兔子或者免疫抑制的兔子。上呼吸道感染和下呼吸道感染都有可能有呼吸困难，喘鸣或者可以见到张口呼吸，张口呼吸通常预示着预后不良（图1B）。有上呼吸道感染的兔子会有浆液脓性鼻腔分泌物和/或眼睛分泌物。在临床检查的时候，上呼吸道感染可能可以听到尖锐的呼吸音或水泡音；下呼吸道感染或者肺炎的时候会有噼啪音、呼哧的喘息声或者没有呼吸音。可以使用鼻腔抽吸或者冲洗样本进行细菌培养和药敏试验。影像学检查在确定病因学和上呼吸道感染的严重程度上有很大作用，也可以用来决定是否有支气管肺炎或者胸腔的实变。血常规也很有帮助，慢性疾病中会见到中性粒细胞增多、泛白细胞减少、贫血等。治疗的主要目的是通过提供氧气缓解呼吸困难，支持疗法并给抗生素（恩诺沙星，5～10mg/kg，PO，每12h；或者硫酸甲氧苄啶30mg/kg，PO，每12h）连用14d，并在需要的时候延长疗程。

豚鼠肺炎比较常见，大多数感染是机会致病性病原引起，比如肺炎链球菌和支气管炎博代氏菌，这两种细菌都是豚鼠里常见的携带菌，而且一般不会有症状。在应激、不适当的饲养和通风、引进新的动物、维生素C缺乏、与兔子同住等情况下就会爆发感染，兔子经常是支气管博代氏菌的携带者。轻微的呼吸症状也有可能是和豚鼠的腺病毒感染有关系。龙猫的临床表现更多样一些，可能有呼吸困难、鼻分泌物、打喷嚏、嗜睡以及厌食。并发中耳炎不常见，中耳炎会有斜颈和/或眼球震颤。除了临床症状可以见到有呼吸系统感染，影像学检查可以见到有支气管肺炎或者实变，有时还会有胸水。血常规计数和生化检查在检查感染和有可能有的脱水或早期的败血症。可以用渗出物或者抽吸物进行细菌培养或药敏试验，但是需要注意上面两种细菌在没有症状的豚鼠也可以分离到。治疗的目的在于稳定急性感染的病患，提供支持治疗，包括补充氧气、液体治疗、营养支持（必要时话给予抗生素治疗），并且补充维生素C和抗生素治疗（硫酸甲氧苄啶 30mg/kg，PO/SC，每12h；或恩诺沙星，10～20mg/kg，每24h）连用几周。

4 生殖泌尿道疾病

4.1 尿结石和尿沉渣

豚鼠因为尿结石导致尿痛或者血尿是很常见的一个急症表现（图9A）。钙质一般是不透射线的钙盐沉积，而且因为食用大量含钙质的以苜蓿为主的饮食结构是已知的一个风险因素，结晶形成是一个常见的并发症。在排尿的时候，动物可能会弓背，并且在排尿时会发出叫声。在检查的时候，钙质结晶可以被触诊到，而且在摸到一个增大的膀胱的时候一般预示着尿道结石。尿液分析、尿液培养、血常规检查、以及血钙水平可以显示高钙质血症、尿钙、以及由于堵塞造成的可能的氮质血症，或者有可能发展成感染。拍片时应该将腿往后伸直以显示出可能有的尿道结石。超声检查在确定结石位置的时候也有帮助。低侵入性的、导管为主的结石移除可以用来移除小的尿道结石沉渣，但是在膀胱结石的时候，需要将膀胱切开来取出结石。应该给以液体疗法给予营养支持并提供疼痛管理。在细菌培养结果出来前也可以经验性使用抗生素来治疗复发的膀胱结石（硫酸甲氧苄啶，30mg/kg，PO，每12h）。在手术和利尿后，减少饮食中的钙质吸收会有帮助，包括喂食提木西草和兔粮来取代苜蓿草，并且提供新鲜蔬菜。可以使用柠檬酸钾（47mg/kg，PO，每24h）来预防尿结石的析出，但是豚鼠的尿结石经常会复发。

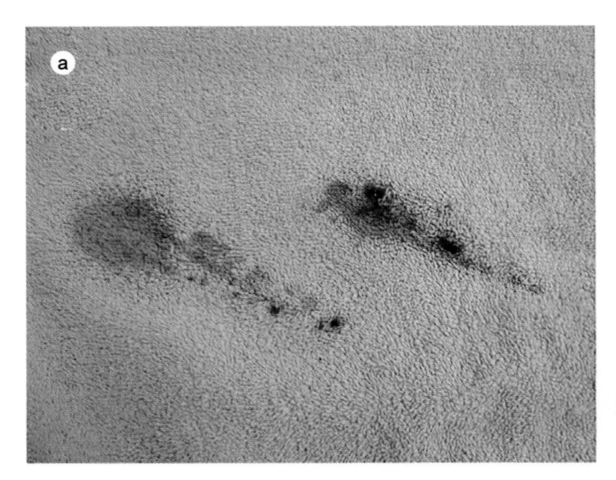

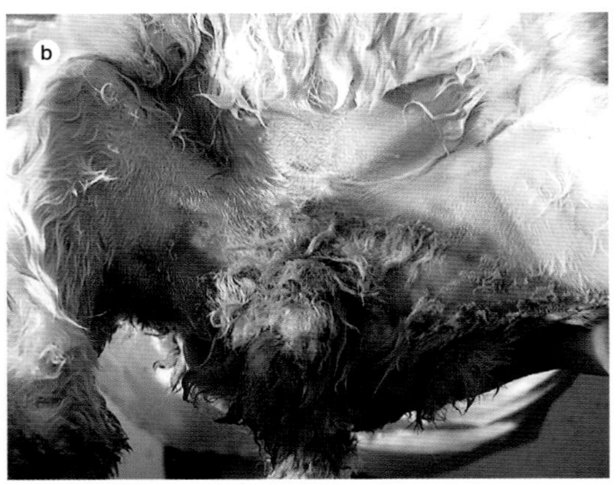

图9　尿结石和膀胱结石的并发症。a. 豚鼠笼子中毛巾上血尿痕迹。b. 兔子严重的尿灼伤和皮肤溃疡

尽管兔子经常会排除卟啉尿使得尿液颜色看起来比较深，但是真正的血尿会继发于膀胱结石、钙质沉渣，而且在老年的雌性兔子可，继发子宫腺癌。很多兔子饮食中摄入大量含钙质的食物，比如苜蓿，理论上可导致尿钙。尿潴留和慢性的膀胱炎症被认为会促成微小的碳酸钙结石的形成或者成为膀胱泥。这些颗粒比豚鼠的尿结石要小很多，但是依然会形成尿道的阻塞。在体检的时候，堵塞的膀胱会坚硬而且扩张。可以见到尿灼烧（图9B）。实验室评估包括了血常规（白细胞增多），生化（肾脏功能不全、脱水、氮质血症），以及尿检和细菌培养（血尿、蛋白尿、感染、沉渣）。放射检查的时候可以见到有钙质结石，但是少量的尿泥是正常的。使用合适的抗生素（硫酸甲氧苄啶30mg/kg，每12h；或恩诺沙星，5 ~ 10mg/kg，口服，每12h）治疗潜在的感染，并且提供利尿剂来逐步冲洗干净沉渣。如果需要的话，可以在清醒状态下、镇定的时候（咪达唑仑，0.5 ~ 2mg/kg，IM/IV；或者地西泮0.5mg/kg，IM）或者全身麻醉进行人工挤压膀胱来清除沉渣，之后放置导尿管并且盐水充分进行冲洗。大一些的钙结晶或者膀胱结石需要膀胱切开移除。高钙质的食物、苜蓿、和维生素以及矿物质补充应该在术后减少，并在充分补充水分的情况下进行利尿。龙猫里面也可以见到有尿钙，但是和兔子和豚鼠相比少见很多。在这些物种里面，诊断和治疗同样非常关键。

4.2 包茎

成年雄性龙猫可能会因为有限制性的毛环或者在阴茎基部的包皮垢形成包茎（毛环症）。这个状况最常见于繁殖用的雄性，但是在宠物里也可以见到，症状包括尿淋漓、过度梳理会阴部分的被毛、嗜睡和厌食。发现有毛环症时，可以将阴茎充分润滑并将外面被毛去除。如果有包茎的情况，可以用高渗的液体（50%糖水）应用于局部来减轻水肿。毛环症可以导致包皮和阴茎头的感染（包皮炎），最常见感染于铜绿假单胞菌，如果有更多的全身性感染，应该考虑使用抗生素。

5 神经系统疾病

5.1 前庭疾病：斜颈

因为前庭疾病导致的斜颈是兔子比较有特点的一个疾病表现（图10 A）。有两种病原可以引起这种疾病。多杀性巴氏杆菌的感染会导致外周前庭的感染，进而损伤内耳迷路、颞骨岩部和前庭神经。中央神经系统的疾病可以由兔脑胞内原虫感染导致，损伤前庭核以及传导通道。前庭的损伤也可以是毒素影响（铅）、创伤（椎体骨折、颞骨或鼓泡骨折）、退行性关节病变或椎体强硬、代谢性疾病（肝性脑病）、脑室血管疾病和肿瘤。受影响的兔子会表现出急性的头部斜颈，也可以出现眼球震颤、共济失调、绕圈（朝向受影响一方）、翻滚、侧躺以及有时候抽搐。在检查的时候，需要评估脑神经和并进行全面的神经学检查。有呼吸道症状、浆液脓性分泌物或耳炎可以预示着巴氏杆菌的感染，要检查角膜并进行荧光染色观察是否有创伤性溃疡。血常规可以表明有再生性贫血，如果有嗜碱性粒细胞点状染色说明会有铅中毒，并且可以计算出中毒程度。可以血液化验评估脱水状态，如果有脑孢内原虫可以见到肾脏损伤或者肝脏功能异常。应该对兔脑胞内原虫的血清滴度进行测量，并且对鼻腔以及/或者耳道分泌物进行培养。影像学检查在检查骨折和骨骼异常是有用的手段，但是很多检查会显示正常。准确的生前诊断经常很困难，想要最终的准确诊断经常需要进行组织病理学分析。

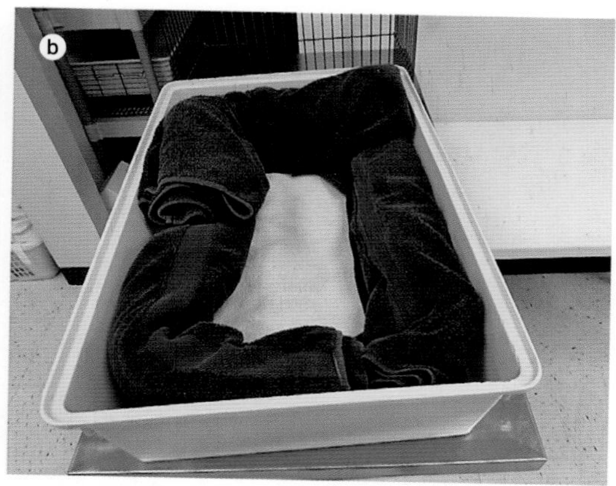

图10 a. 兔子的斜颈：头部偏向受影响一方。b. 在笼子里垫上垫料有助于保护兔子不受伤害

治疗的目的在于支持治疗和抗生素治疗感染。笼子应该加上垫料（图10B），并且应该将兔子支撑为俯卧的姿势，避免进一步的伤害。需要提供皮下补液，并且提供营养支

持（根据动物的活动力提供食物、注射器饲喂或者鼻饲管饲喂）。没有方向或者转圈可以用盐酸美其敏来缓解（12.5～25mg/kg，口服，每8～12h）。如果怀疑有感染，可以先经验性使用抗生素治疗多杀性巴氏杆菌感染，使用恩诺沙星（10mg/kg，每12h）或者硫酸甲氧苄啶（30mg/kg，每12h），同时进行细菌培养和兔脑胞内原虫滴度的测定。经验性治疗兔脑胞内原虫（芬苯达唑，20mg/kg，每24h，连用28d）是有争议的并且一般并不建议，因为有可能会导致致死性的再生障碍性贫血。抽搐是比较罕见的症状，可以用地西泮或者咪达唑仑（1～2mg/kg）进行治疗。在治疗前庭疾病的时候禁用可的松类激素药物，因为会导致兔子的免疫抑制和胃肠副作用。

6 皮肤疾病

6.1 疥螨

在所有物种里都可以见到体外寄生虫，但是豚鼠的体外寄生虫会更严重，经常会表现为急症。疥螨是直接接触传播的，经常见于引进一个新的带病动物、或者有免疫系统抑制的老年动物。疥螨寄生于皮肤的表层，造成严重的瘙痒、皮屑和皮肤剥落、以及脱毛（图11）。因为感染导致动物自己抓挠、啃咬等伤口很常见。神经性行为比如绕圈等也很常见。急性的瘙痒会导致短暂的癫痫样发作，需要紧急进行评估并且给予抗癫痫药物。治疗疥螨（在所有接触过的动物）用塞拉菌素（15～30mg/kg，局部使用，每2～3周）或者伊维菌素（0.2～0.5mg/kg，SC/PO，每7～14d）同时进行环境消毒。我们发现治疗严重的疥螨感染时伊维菌素效果更明显。疥螨同样会传染给人。

图11　在成年豚鼠中因为疥螨感染造成的皮肤病表现

6.2 尿灼伤

在兔子因为尿液导致生殖器周围的灼烧可以非常严重（图9B）。除了尿道阻塞和膀胱炎，其他的原因包括了尿失禁（神经疾病、脊椎创伤、脑胞内原虫），不正确的姿势（肥胖、关节炎、过度拥挤、脚垫病），过多的会阴部皮肤皱褶（肥胖），以及生殖道疾病（密螺旋体感染）。初始检查包括尿道阻塞和神经疾病，包括其他生物力学和感染因素。会阴部皮肤、大腿内部、尾巴和后躯应该仔细检查是否存在有继发感染的迹象。灼伤部分和失去活力的部分容易受到蝇蛆的侵扰，特别是在夏天将兔子养在户外的时候，蝇蛆容易隐藏在毛发垫之中。除了初始的支持治疗以及需要的时候给予镇定剂（咪达咗仑，0.5～2mg/kg，IM/IV；地西泮，0.5～2mg/kg，IM），应该小心将被尿灼烧的部分的被毛剃光，并且用洗必泰为基质的香波进行清理。需要将蝇蛆彻底清洗，并且在需要的时候清理没有活力的组织。这个部位应该每天轻柔地清理，并且局部使用磺胺嘧啶银（避免在局部使用可能被舔食的抗生素）。在出院的时候应该给兔子止疼药（美洛西康，0.3～0.5mg/kg，PO，每24h），抗生素治疗继发感染（硫酸甲氧苄啶，30mg/kg，PO，每12h），以及/或者抗寄生虫药物治疗蝇蛆病（伊维菌素，0.4mg/kg，SC，14d后在复查的时候给第二次剂量），同时在需要的时候给予治疗伴有的泌尿功能不佳的药物。

6.3 脱毛

作为一个被捕食的物种，龙猫进化出一个在紧张情况下被抓住会脱去大量被毛的自我保护机制，这些情况包括了不恰当的保定宠物。区别开生理性脱毛与感染性因素或营养性因素造成的脱毛症很重要，脱毛是一种无害的生理反应。在检查的时候，脱毛边界清楚、会露出下方光滑健康的皮肤。颈背部和后躯是常见的脱毛区域。斑块状、带有厚的鳞片状皮肤的脱毛可能预示着潜在的营养缺乏（脂肪酸、锌）或者皮肤癣菌病；而在肩部、腹侧、和爪子上的片状脱毛可能因为环境应激、全身疾病或者牙齿问题导致啃咬被毛。治疗脱毛需要同时治疗潜在病因。脱毛没有必要进行治疗，但是需要对合理保定进行教育，脱掉的被毛一般在4~6个月内再生。

7 生殖系统疾病

7.1 妊娠毒血症

妊娠毒血症，在豚鼠中更常见，是一种在怀孕后期或者分娩时的并发症，因为妊娠后期和泌乳早期代谢需求增长，特别是有脂肪肝的肥胖动物更常见。另一种类型是由于子宫胎盘缺血和因为怀孕子宫压迫中心静脉回流导致堵塞（子痫类型，特别是豚鼠）。怀孕动物同时伴有厌食、食欲不振以及晕厥的症状时需要紧急评估是否存在妊娠毒血症，因为在数天内就有可能出现死亡。子痫会存在有高血压。腹部超声在评估胎儿数量和活力会有帮助，实验室评估（血常规计数、生化检查、尿检）在评估代谢异常/酮血症或者感染是很有必要的。治疗需要使用积极的液体疗法，包括IV/IO纠正脱水，葡萄糖、营养支持，止疼，以及在高血压和子宫胎盘异常时进行紧急剖腹产手术。通常预后不良。

7.2 难产

在年纪大的，而且经常在肥胖的豚鼠，如果它们在7~8个月大才第一次进行繁殖，因为耻骨联合分离不足，会有很大一部分的豚鼠有难产和死胎。正常的分娩过程中，小豚鼠一般在30min内就能都娩出，每一只之间有5min的休止期。当雌性动物宫缩持续超过20min，或者在间隔性宫缩超过2h而不能娩出胎儿就应该考虑是难产。在检查的时候，耻骨联合至少需要有一指宽的分离宽度才能够允许胎儿顺利娩出。需要使用超声评估胎儿的数量和活力。应该进行实验室评估来找寻是否存在毒血症、代谢性并发症或者感染的迹象。初始的治疗应该包括支持疗法，液体疗法、营养支持，以及止疼药，同上述。如果耻骨联合有分开，可以使用催产素（1~2单位，IM）和阴道润滑来帮助分娩。如果这些手段都不能有效解决难产，或者耻骨联合不能有效分离，则需要进行剖腹产。

8 创伤和休克

8.1 中暑

因为豚鼠和龙猫习惯于高海拔和山地的生活环境，它们相对而言对于热天更不耐受。在高于28℃的高湿度环境里长期生活，它们会中暑。在一年的任何时候，放在热源旁通风不好的笼舍或者晴朗的窗户旁有很高风险会出现中暑。龙猫的中暑非常常见。中暑的动物会有高体温的现象，嗜睡甚至出现侧躺，流涎，喘以及/或者四肢灌流差。应该逐渐用水浴为动物降温，避免急剧降温，这会导致致死性低体温。可以在耳朵、脚掌等地方使用酒精。需要使用激进的肠外给液来改善灌流和补充蒸发失水。非甾体类消炎药物或者糖皮质激素类药物可以用来减少毒血症，但是并不建议使用后者。预后一般谨慎。

8.2 四肢骨折

四肢骨折不是一种罕见的急症，特别是龙猫纤细而长的四肢很常见。四肢骨折最常见的原因是带有网格的笼子使得脚和/或者四肢卡在其中，以及粗暴的保定。在休息的时候，骨折并不是很容易被察觉，但是在走路的时候应该能够看出来，吸引主人的注意力。新近的骨折可以用绷带或者石膏进行外固定，并且在需要的时候进行内固定。严重的带有大范围软组织损伤的骨折有可能需要进行截肢。在大多数情况下，可以使用快速的骨折硬塑形材料（1~2周）而达到一个较为理想的恢复状态。

8.3 创伤

在小型稀有动物中，同物种之间的打斗伤很常见，既可以是占主导地位的雌性动物攻击雄性，或者是既有的动物攻击新引进的动物（图12）。由其他家养动物造成的咬伤同样很常见，特别是犬。诊断依据于攻击的病史、透创的临床表现、撕裂伤、挫伤，或者如果创伤比较远端，会存在有皮肤坏死以及/或者脓肿。应该快速对病患进行评估、稳定并且像之前描述的给液体、止疼药和抗生素。伤口处理方法类似于其他的动物。可以在镇静状态或者全身麻醉状态下进行更细致的检查，应该对透创进行检查排除内脏损伤，同时进行需氧菌和厌氧菌的培养。需要进行外科清创同时用温生理盐水进行彻底清洗，并且开放创口以期获得二期愈合。出院的动物应该带回家止疼药物和抗生素并且需要安排复查。

图12　成年豚鼠被同笼舍友攻击的创伤

8.4 眼部创伤

龙猫有很大的眼睛（兔子和豚鼠的眼睛稍微小一些），这使得它们很容易会有眼部的创伤和感染。过多的沙浴、不合适的沙子、饲养条件差（有尖锐的角），或者甚至尖的干草都有可能造成角膜的溃疡。因为损伤导致的继发感染可以引起结膜炎，在龙猫中最常见是铜绿假单胞菌，而豚鼠最常见的是衣原体感染。因为上颌牙齿的疾病导致骨骼形态异常和脓肿形成，或者炎性鼻腔疾病可以堵塞鼻泪管而导致出现眼睛分泌物或者溢泪。动物可能有浆液奶样分泌物（溢泪）或者脓性分泌物（脓肿、结膜炎）；会有红肿疼痛（结膜炎）或者云雾状（角膜溃疡）；以及/或眼睑痉挛。有可能会见到有牙齿疾病或呼吸道疾病或全身感染。在进行眼科检查之前需要对结膜和角膜进行采样培养。对上颌进行触诊可用于骨骼变形或者脓肿导致肿块。需要评估脑神经、角膜和瞳孔反射来确定受影响的范围。应该在角膜表面进行荧光染色来检查是否会有溃疡存在。

溢泪一般会用广泛的手段进行治疗，包括局部使用非激素类抗炎药（氟比洛芬，0.03%浓度，或者双氯芬酸，0.1%浓度，每6～12h，连用10～14d），全身性抗炎药物（美洛西康，0.3～0.5mg/kg，PO，每12～24h，连用10～14d），并在局部使用广谱抗生素（妥布霉素、庆大霉素、环丙沙星、或土霉素/多黏菌素B，连用10～14d）。对于兔子可以对鼻泪管用导管和盐水进行冲洗，但是在小型动物里这一点经常没有办法做到。溢泪经常复发，并且如果长期损伤已经导致鼻泪管堵塞则不可逆转。对于局限性结膜炎，可以在采样培养后用生理盐水进行彻底灌洗。可以局部使用广谱抗生素，并且在有全身感染的时候，开始经验性使用抗生素（恩诺沙星，10～20mg/kg，SC/IM/IV，每12～24h；或者头孢他啶，25mg/kg，SC/IM/IV，每8h）。角膜溃疡同样应该用局部抗生素进行治疗，也曾有人用过阿托品（1%浓度或者眼膏）和全身性抗炎药（美洛西康）。龙猫的浴沙应该被严格限制直到眼睛疾病有好转。

致谢

作者想要感谢为这篇文章提供很多放射检查影片和很多临床图片的Dr. Kerry Korber和Dr. Leticia Materi以及卡尔加里鸟及稀有动物医院的工作人员。

审稿：施振声　中国农业大学

（参考文献略，需者可函索）

小测试2答案

组织病理学检查

用活检针采取了肾脏的三处活组织样本，用作组织病理学检查，其中两个样本完全是髓质，另外一个是髓质和皮质的交界处。制片后观察发现，肾脏的集合管的管腔轻度扩张，管内有颗粒状或球状物质，其在使用HE染色时显红色，在使用Masson 三色染色法时表现为亮红色。在一些肾小管中发现脱落坏死的上皮细胞。使用过碘酸雪夫氏染色法染片，发现一些管腔中的刷状缘顶端损坏，但是没有出现管状萎缩。肾间质轻度水肿，其间散乱聚集着一些中性粒细胞和巨噬细胞，在破损的肾小管周围有小范围的间质纤维化，但并不严重。片中还能看到3个肾小球，就视野内观察是正常的（图1）。

诊断和病例总结

诊断结果：肾小管中颗粒状管型显红色与血红蛋白或是肌红蛋白的颜色相一致，诊断为急性肾小管坏死。

病例总结：这是一例被蝮亚科（水腹蛇）咬伤后毒素继发的色素性肾病。

讨论

水腹蛇或美国水蛇属于蝮亚科的蛇，它们的毒液对其他动物有血液毒害性并且可以水解蛋白。现已知的蝮亚科咬伤有关的血液学指标改变包括棘状红细胞增多，血小板减少，溶血和凝血障碍。红细胞自溶可能在被咬后1～3周才会延迟产生，并且自溶之前会有红细胞肿胀，红细胞压积（Hct）增大。据报道，犬被毒蛇咬伤的总的死亡率高达19%。但是，据我们所知，现在还没有有关因毒蛇咬伤继发肾病而死亡的病例报道。

溶血引起的胆红素血症导致了胆红素尿。犬的色素性肾病本身很罕见，毒蛇咬伤继发的肾病更少见。据实验报道，被东方菱斑响尾蛇咬伤后，31只犬中有一只（3%）产生急性肾衰竭。但是，关于犬被毒液有细胞毒性，溶血性，神经毒性的蛇咬伤后继发色素性肾病的病例仅有一例报道，该病例中蛇为红腹黑蛇（红腹伊澳蛇）。虽然犬的色素性肾病的表观发病概率较低，但是实际上可能不止。因为如果犬死于其他系统并发症，且肾脏组织只是轻度的自溶的话，那么肾脏损伤是很微小的并且易被忽略。而在此病例中，能够正确诊断病因及分析预后是建立在质量较好的活组织样本的基础上的。

在美国，只有两种蛇–响尾蛇和噬鱼蛇是有细胞毒性的，同时受伤者会产生色素尿。美国也有毒液没有细胞毒性的蛇，但是，一些毒液有水解蛋白的作用，同时伴随肌肉退化，色素负载增强的副作用。组织学无法分辨颗粒是和肌红蛋白有关还是血红蛋白有关的。在人类的肾病治疗中，可以使用免疫组化的方法来明确区分色素的来源。考虑到在本病例中出现的自溶严重和血清肌酸激酶显著升高的现象，两种色素可能都与肾小管损伤有关。

虽然急性肾衰竭伴随色素性肾病在兽医医学文献中并不多见，但是任何类型的毒蛇咬伤都有可能会继发此类疾病。在被蛇咬伤的31只犬中，有7只犬的贫血是血管内自溶引起的。还有另外7只犬的贫血未分类原因，这7只犬中有部分干扰因素影响较多。犬如果在被咬后迅速注射抗蛇毒血清的话，很有可能不会继发色素性肾病。了解急性肾衰竭可能会在被咬后延迟产生是很重要的，所以应该密切关注被毒蛇咬伤的犬，如果产生相应的临床症状应该立即进行处理。

在人类医学文献中，被蛇咬伤后肾病的死亡率是1%～20%。如果一开始就采用重症监护，配合使用透析的话，被蛇咬伤引起肾病的病人可以在2–3周恢复健康，但是也有可能恢复时间更长，肾小管损伤更广泛。

此病例中的犬在前6天中排尿很少[排尿量<0.1ml/（kg·h）即0.05ml/（Ib·h）]。因此对该犬进行了连续3d的肾功能恢复治疗，纠正了一开始严重的电解质紊乱、酸碱不平衡、氮质血症、体液不平衡的临床症状。因为在肾脏活组织样本中没有看到间质纤维化和管状萎缩，所以该犬肾脏功能的预后良好。在11d中，兽医对该犬采用了持续的综合性肾功能恢复疗法和间歇性的血液透析。在第10天时，该犬的肾脏功迅速改善，在第15

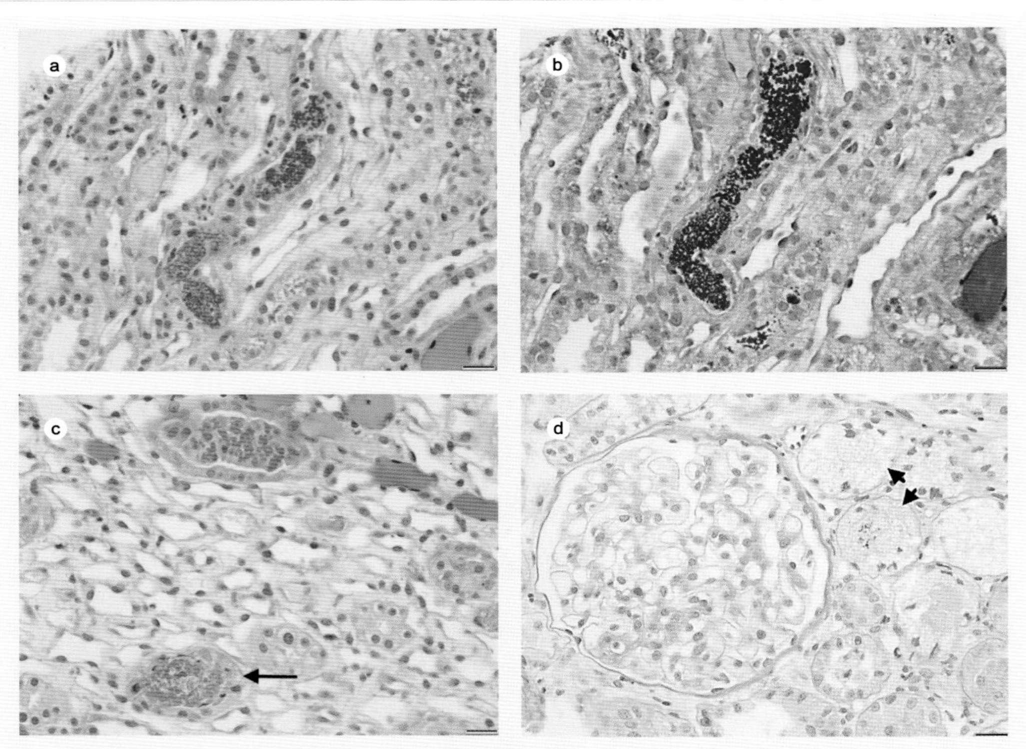

图1　被毒蛇咬伤后继发色素性肾病的犬的活组织切片的显微照片。被苏木精-伊红染色（a）和Masson 三色染色的切片（b）都显示了集合管中红色球状颗粒的颜色与肌红蛋白和血红蛋白的颜色是相一致的。切片c中，可见脱落的细胞碎片（箭头处）。在切片d中，经过碘酸雪夫氏染色的皮质和髓质连接处的涂片显示了一个正常的肾小球，空泡状变性和近曲小管的坏死（箭头处），但是没有看见管状萎缩。图片中比例尺皆为20 μm

天时，排尿量到达了最高值，9ml/（kg·h）[4.1ml/（Ib·h）]。该犬仍需要数周的重症监护来控制其他的机体问题，包括厌食性精神萎顿，右侧颈静脉和舌部血管血凝过快产生血栓和舌部血管梗塞。4个月后，该犬所有血液学的指标恢复正常或病愈，并恢复正常的肾功能。

如果产生急性肾损伤不利于预后，但是，可以通过对肾脏的活组织的组织学检查来帮助评估肾脏损伤并确定预后。在现有的文献中，色素性肾病的诊断是建立在对肾脏活组织检查结果的基础上的，并且和人类中的损伤观察的特质是相一致的。组织学发现，急性肾损伤是可逆的并且瘢痕尚未形成，医生据此制定了针对该犬的治疗方案。患有有此种急性肾损伤的犬可以通过正确的支持疗法得到完全的恢复。

译者介绍
朱心怡　中国农业大学，Xinyi-Augest@outlook.com。

《小动物医学》征稿启事

《小动物医学》由中国畜牧兽医学会小动物医学分会组编。本出版物以小动物临床医学需求为根本出发点，以满足临床诊疗需求为导向，以提高小动物临床医生执业能力为目的，以促进中国小动物医学行业发展为己任。我们聘请了国内相关专业两院院士等作为科学顾问，以国内外著名小动物临床专家为主，并有以施振声教授、林德贵教授等一批优秀的临床专家学者医师组成的编委团队，还与北美兽医杂志以及美国兽医协会都有深度长期的合作。目的是打造中国小动物医学发展的平台，让世界了解中国兽医发展，成为中国兽医国际交流的窗口。

为办好《小动物医学》丛书，现面向广大临床小动物临床医师、学生、老师以及其他宠物临床相关行业从业人员征稿，欢迎大家踊跃投稿。

征稿说明

1 征文范围

犬猫临床诊疗及经验、犬猫临床研究、稀有动物诊疗及技术、文献综述摘要等内容。

2 要求

1. 来稿应具有科学性、创新性和实用性。已在杂志或报刊上正式发表的论文不采用。
2. 要求文字规范，论据可靠，数据准确，文字精炼。无论临床研究还是病例报告应包括摘要、关键词、图片及参考文献，参考文献数量原则上不少于4篇。
3. 投稿文章的标题、摘要和关键词，要求中英对照。
4. 文章内所有作者需标明单位、地址、邮编，“通讯作者”用*标出。并注明通讯作者单位、联系方式。
5. 为保证印刷质量，来稿均统一提供电子版文档、文中出现的原图，均由电子邮箱发送稿件。
6. 本书不退稿，请作者自留底稿。

3 稿件采用

1. 本书不收取审稿费、稿件处理费及版面费等，并在录用后给第一作者寄样书2本。
2. 被录用稿件将从电子邮件方式告知投稿人。
3. 《小动物医学》编委会对来稿有权进行编辑、修改加工和完善，如不同意修改请在来稿时注明。
4. 录用的文章可以在本书相关的数据库及网站使用，如不同意则来稿时声明。

联系人：胡婷
邮箱：cnjsam@163.com 电话：010-53329912
微信公众号：xiaodongwuyixuezazhi（“小动物医学杂志”的全拼）
地址：北京市海淀区中关村SOHO大厦717室
邮编：100190

《小动物医学》微信公共号

新书推荐

兽医临床病例分析

原著作者：Leslie C. Sharkey　M.Judith Radin

主　　译：夏兆飞　陈艳云

内容简介：

本书从临床兽医的需求出发，全面分析了临床兽医在实际工作中遇到的各种病例，重点强调了血清生化检查的综合判读，适合一线兽医从业者使用。

全书共分为七章，第一章为判读计划，从整体出发，给大家提供了良好的分析思路；第二至七章分别从肝酶升高、胃肠道疾病和碳水化合物代谢的检查、血清蛋白、肾功能检查、钙磷镁异常、电解质和酸碱功能的评估等方面，选取不同的病例加以分析，由浅入深，层次分明。每章都有“科教书式”的经典案例，以加深我们对不同疾病的理解。

小动物临床实验室诊断（第5版）

原著作者：Michael D. Willard　Harold Tvedten

主　　译：郝智慧

内容简介：

本书在美国出版后受到读者普遍欢迎，作者贯彻“简单即是好”的原则，实用的技术使得本书再次修订，与时俱进紧跟最新技术。主要内容包括：基本实验室原则，全血细胞计数，骨髓检查，血液储备：整体评估及选择计数，红细胞异常，白细胞异常，止血异常，电解质和酸碱失衡，泌尿功能障碍，内分泌、代谢和脂类紊乱，胃肠、胰腺和肝功能紊乱，积液异常，呼吸性与心脏疾病，免疫和血浆蛋白紊乱，精神失常，传染病，炎性肿块或肿瘤块的细胞学检查，实验室毒理诊断，治疗药物检测等。

小动物伤口管理与重建手术（第3版）

原著作者：Michael M.Pavletic

主　　译：袁占奎　李增强　牛光斌 等

内容简介：

本书的第3版在第2版的基础上增加了新发展的伤口管理和重建手术技术，最新的疑难伤口管理和小动物外科医生可用的伤口护理产品的信息，辅以文字注释的彩色病例照片，关于绷带/夹板技术、包皮重建手术、疑难皮瓣管理等新的章节。贯穿全书的信息栏强调了重点，并增加了作者基于35年伤口管理和重建手术经验的个人观察。相信读者会发现本书是学习小动物手术修复的实用、内容丰富、独一无二的工具书。

新书推荐

猫病学（第4版）

原著作者：Gary D. Norsworthy　Sharon Fooshee Grace
　　　　　Mitchell A. Crystal　Larry P. Tilley

主　　译：赵兴绪

内容简介：

《猫病学》是当今国际上影响最大的一部专门介绍猫病诊断和治疗的学术著作。全书根据病猫的特点及猫主的需求设计，以尽可能满足全球临诊兽医的需求。新版保留了其综合性及易于查找的特点，各篇中的主题仍以字母顺序排列。另外，新增了500多幅图片，对行为学、临床方法及手术的篇章作了大量修改，补充了大量X线、B超、CT及MRI 影像诊断技术和病例。

本书是目前为止世界上猫病学的权威专著，对有兴趣从事猫病诊疗、科研和教学的所有人员都不失为一本重要参考书。

兽医病理学（第5版）

原著作者：James.F Zachary　M.Donald McGavin

主　　译：赵德明　杨利锋　周向梅

内容简介：

本书由来自美国和加拿大的25位著名的病理学专家共同撰写，是欧美等许多国家兽医病理学研究领域的经典著作。全书由病理学总论和器官系统病理学两大部分组成，从形态学和机制论观点诠释病理学和病理损伤，并重点阐明细胞、组织和器官对损伤的反应。本版除更新现存疾病和新发或再次出现疾病的发病机制外，还增加了疾病的遗传性基础、耳部疾病、韧带和肌腱疾病等内容，同时增添了关于微生物感染机制的新章节，并对主要家畜的特定疾病进行描述。全书约300万字，含有1576张彩色图片、56个表、100个框图，内容丰富、系统全面、图文并茂，将病理学知识与临床疾病紧密结合，是适合兽医病理学领域和相关行业广大学生及从业人员参考的有益工具书。

相关链接

国际链接

世界小动物兽医师协会 www.wsava.org
美国兽医协会www. avma.org
亚洲小动物兽医师协会联盟www.fasava.org
英国小动物兽医师会www.bsava.com
国际兽医信息网www. vin.com

国内链接

中国畜牧兽医学会 www.caav.org.cn
中国兽医协会 www.cvma.org.cn
中国畜牧兽医杂志 www.chvm.net
中国农业大学 www.cau.edu.cn
东西部小动物临床兽医师大会 www.wesavc.com

V宠物医师 SMALL ANIMAL VETERINARIAN

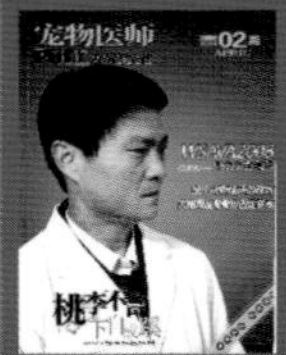

创刊九年来，

深受全国临床兽医师和众多动物医院喜爱，

2017年《宠物医师》内容全新改版，

全面把握行业发展现状，

深度挖掘行业发展趋势，

更加贴近临床兽医师和动物医院院长。

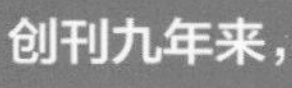
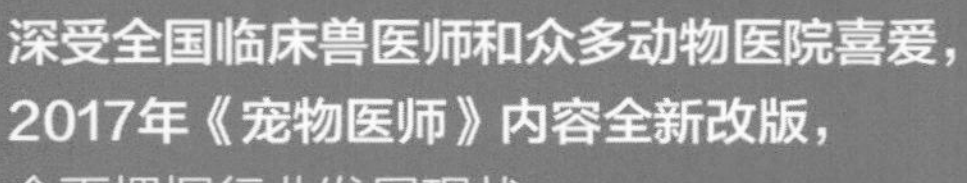

广大宠物医师交流平台**每双月准时与你相约！**

商业合作：010-85164708

9年 3285天

53位行业顶尖专家

共同见证我们的成长……

第六届西部宠物医师大会

The 6th Western Small Animal Veterinarian Congress

大会基本情况

- 西部宠物医师大会由四川、重庆、云南、贵州四省市于2012年发起，经过7年的不断发展现已成为行业内立足西部、倡导优秀兽医诊疗文化、贴合临床的综合性大会。大会关注行业前沿发展动态，突出兽医临床技术的演示与实操，始终坚持以"为生命求证永恒、为兽医彰显价值"为使命。**第六届西部宠物医师大会的主题：中兽医；口号：中医的世界、世界的中医**。
- **主办单位**：成都市易宠会展服务有限责任公司
- **协办单位**：中国畜牧兽医学会小动物医学分会
  西部宠物医师联合会（由四川、重庆、云南、贵州、西藏、广西、湖南、陕西、山西、甘肃和新疆等十一个省市区宠物诊疗行业协会组成）
- **支持单位**：中国兽医协会宠物诊疗分会
- **大会预计参会总人数**：3000人次。
- **会议地址**：国际非物质遗产博览园五洲情会展中心
  （四川省成都市青羊区光华大道二段601号）
- **会议时间**：2017年7月9～12日
- **会前会时间**：2017年7月9日
- **展览会搭建时间**：2017年7月9日
- **招商负责人**：何娟　　联系电话：15982512583

展位情况				
分类	面积（㎡）	数量	价格（万）	备注
主赞助	63	2	12	享受主赞助其他权益
铂金	49	2	8	享受铂金赞助其他权益
金牌	35	8	5	享受金牌赞助其他权益
银牌	20	14	3	享受银牌赞助其他权益
标展	9	26	1.5	享受标准赞助其他权益
小展位	6	5	1	享受标准赞助其他权益